機械系のための関数論入門

工学博士 野原　勉　共著
博士（理学）古田　公司

コロナ社

はじめに

　本書は機械系学科向けの関数論入門書である．一般的に，わが国の工学部での数学教育は，初年度の微・積分学や線形代数に始まり，2，3年時に微分方程式論，フーリエ解析学，ベクトル解析，確率・統計などを習い，関数論はやや軽視されがちである．しかし，機械系の各学科において，流体力学は必須の科目であり，そこで展開される非圧縮渦なし流であるポテンシャル流のなす複素ポテンシャルは，Cauchy-Riemannの方程式を満足する．すなわち，2次元ポテンシャル流において，関数論の正則関数や等角写像の概念が重要な役割を果たすのである．片や，熱力学は流体力学と並ぶ重要科目であり，ここでも複素熱ポテンシャルが定義できて，ポテンシャル流と同様の議論ができる．

　本書の大部分は，近代数学の父といわれるAugustin Louis Cauchy（コーシー，1789〜1857年）により確立された内容である．Cauchyは解析学全般の厳密な形式化を行い，Cauchy-Riemannの方程式（定理3.3），Cauchyの定理（定理5.3），Cauchyの積分公式（定理5.7），Cauchy列，Cauchyの収束原理等々，Cauchyの名がついた定理や原理は枚挙にいとまがない．生涯に執筆した論文数は，じつに789にものぼっている．狂信的なカトリック信者であったCauchyが，2019年4月15日（現地時間）大火災にみまわれたCathédrale Notre-Dame de Paris（ノートルダム寺院）に足しげく通ったであろうことを思うと，200年以上の歳月は経ているものの，ごく身近に感じられる存在ではある．

　さて，著者らは本書において，工学部機械系学科の低学年が初めて複素数の関数を扱うときに混乱が生じないように，まず，応用を前提とした基礎（1〜7章）を解説し，そのうえで流体力学と熱力学への関数論の展開にページを割いた（8〜11章）．一般の数学書が重点的に書いている積分論や解析接続（5章および6章）などについては，必要最小限の解説にとどめた．

本書は，第Ⅰ部として関数論の数学的基礎を解説し，第Ⅱ部にて流体力学と熱力学への応用を表し，さらに，第Ⅲ部では，付録として本論の内容を補うという構成になっている。第Ⅰ部は，関数論の基礎となる複素数について復習し，その後，正則関数へと進んでいく。複素関数が1回微分できれば，すなわち，正則ならば何回でも微分可能であるという実関数にはない著しい特徴を有することに気づくであろう。さらに，複素積分ではCauchyの定理が根本的な役割を果たし，正則関数の性質がここに帰結することが理解できよう。応用上，正則関数の等角性はきわめて重要な位置を占めており，この部分に紙数を割いた。早く応用を知りたいと思う読者は，1～3，7章を読み終えた後，8～11章に進まれるとよい。また，各章の末尾には章末問題を掲載したが，読者はこれを解くことにより，理解を深めることができるであろう。論旨の展開でやや込み入った箇所には脚注で解説を付したが，読み飛ばしてもいっこうに構わない。また，歴史上の数学者についても参考のため脚注を施した。

謝辞

本書の企画段階から編集・校正に至るまで，コロナ社には大変お世話になったこと，ここに改めて謝意を表します。執筆分担は古田が5～7章を担当し，そのほかは野原によります。内容の責任は野原にありますが，解説の不備・不足など読者の叱責を賜るしだいです。

最後に，本書がこれから専門科目を学ぼうとする学生諸氏や，昨今話題になっているリカレント教育として改めてこの分野を学び直そうとするエンジニアの方々へのよき海図になることを念じます。

2019年9月

著者を代表してしるす　　野原　勉

目次

第I部 基礎

1章 複素数

1.1 複素数と複素平面 …………………………………………… *1*
1.2 極形式 ……………………………………………………… *5*
   1.2.1 極形式 ………………………………………………… *5*
   1.2.2 積と商 ………………………………………………… *6*
   1.2.3 de Moivreの定理 ……………………………………… *7*
   1.2.4 n乗根 ………………………………………………… *7*
1.3 三角不等式 ………………………………………………… *9*
章末問題 ………………………………………………………… *10*

2章 複素関数の極限と領域

2.1 複素関数 …………………………………………………… *12*
2.2 領域 ………………………………………………………… *16*
2.3 極限と連続性 ……………………………………………… *20*
章末問題 ………………………………………………………… *23*

3章 正則関数

3.1 導関数 ………………………………………………………………… *24*
3.2 微分法則 ……………………………………………………………… *26*
3.3 正則関数 ……………………………………………………………… *26*
3.4 Cauchy-Riemann の方程式 ………………………………………… *27*
3.5 Laplace の方程式 …………………………………………………… *31*
3.6 Laplace の方程式の極座標表現 …………………………………… *34*
章末問題 ……………………………………………………………………… *36*

4章 初等複素関数

4.1 多項式, 有理関数 …………………………………………………… *38*
4.2 指数関数 ……………………………………………………………… *38*
  4.2.1 指数関数の定義 …………………………………………… *38*
  4.2.2 指数関数のいくつかの事実 ……………………………… *39*
  4.2.3 指数関数の写像 …………………………………………… *41*
4.3 三角関数 ……………………………………………………………… *42*
  4.3.1 三角関数の定義 …………………………………………… *42*
  4.3.2 三角関数のいくつかの事実 ……………………………… *42*
  4.3.3 三角関数の写像 …………………………………………… *44*
4.4 双曲線関数 …………………………………………………………… *45*
  4.4.1 双曲線関数の定義 ………………………………………… *45*
  4.4.2 双曲線関数のいくつかの性質 …………………………… *46*
4.5 対数関数 ……………………………………………………………… *47*
  4.5.1 対数関数の定義 …………………………………………… *47*
  4.5.2 対数関数の正則性 ………………………………………… *50*

  4.5.3 対数法則 ……………………………… 50
4.6 べき関数 ……………………………………… 52
章末問題 …………………………………………… 54

5章　複素積分

5.1 実変数複素数値関数の微分と積分 …………… 55
5.2 複素平面上の曲線 ……………………………… 56
5.3 複素積分 ………………………………………… 58
5.4 Cauchyの定理 ………………………………… 61
章末問題 …………………………………………… 73

6章　関数の展開

6.1 数列と級数 ……………………………………… 75
6.2 べき級数 ………………………………………… 78
6.3 Taylor展開 ……………………………………… 83
6.4 正則関数の性質 ………………………………… 86
6.5 解析接続 ………………………………………… 91
6.6 Laurent展開 …………………………………… 94
6.7 特異点の分類 …………………………………… 98
6.8 留数 ……………………………………………… 102
章末問題 …………………………………………… 105

7章　等角写像

7.1 等角写像 ………………………………………… 107
7.2 1次変換 ………………………………………… 109

章末問題 ………………………………………………………………… 115

第 II 部　流体力学と熱力学への応用

8 章　流体力学の基礎

8.1　流体の分類 …………………………………………………… 116
8.2　Navier-Stokes 方程式 ………………………………………… 117
8.3　Euler の運動方程式 …………………………………………… 118

9 章　ポテンシャル流

9.1　非圧縮渦なしの流れ ………………………………………… 121
9.2　流　　　線 …………………………………………………… 123
9.3　複素ポテンシャル …………………………………………… 125
章末問題 ………………………………………………………………… 126

10 章　2 次元ポテンシャル流れ

10.1　一　様　流 …………………………………………………… 127
10.2　円柱まわりの一様流 ………………………………………… 128
10.3　Joukowski 変換 ……………………………………………… 130
　　10.3.1　平　　　板 …………………………………………… 132
　　10.3.2　Joukowski 翼 ………………………………………… 135
章末問題 ………………………………………………………………… 137

11章　熱力学への応用

11.1　熱方程式 ………………………………………………… 138
11.2　複素熱ポテンシャル …………………………………… 139
章末問題 ………………………………………………………… 144

第III部　付　録

12章　円柱まわりの一様流（循環が0のとき）の複素速度ポテンシャルの導出

12.1　流線関数 ………………………………………………… 145
12.2　速度ポテンシャルと複素速度ポテンシャル ………… 148

13章　ベクトル解析の基礎

13.1　ベクトルの内積 ………………………………………… 150
13.2　ベクトルの外積 ………………………………………… 152
13.3　勾配, 発散, 回転 ………………………………………… 154
　13.3.1　スカラー界とベクトル界 ………………………… 154
　13.3.2　勾　配 ……………………………………………… 155
　13.3.3　発　散 ……………………………………………… 156
　13.3.4　回　転 ……………………………………………… 157
13.4　重要な公式 ……………………………………………… 160
章末問題 ………………………………………………………… 161

引用・参考文献 ………………………………………………… 162
索　引 …………………………………………………………… 163

第 I 部　基　　礎

1 章　複　素　数

1.1　複素数と複素平面

複素数全体の集合を $\mathbb{C}$, 実数全体の集合を $\mathbb{R}$ で表す。$z \in \mathbb{C}$, $x \in \mathbb{R}$, $y \in \mathbb{R}$ とすると, **複素数** (complex number) z は $z = (x, y)$ で定義される[†1]。x を z の**実部** (real part) と呼び, $x = \operatorname{Re} z$ と書く。また, y を z の**虚部** (imaginary part) と呼び, $y = \operatorname{Im} z$ と書く。

$z_1 = (x_1, y_1)$, $z_2 = (x_2, y_2)$ として, $z_1 = z_2$ とは, $x_1 = x_2$ かつ $y_1 = y_2$ のことである。すなわち, 二つの複素数が等しいとは, それぞれの実部と虚部がともに等しいときである。

$(0, 1)$ は**虚数単位** (imaginary unit) で i と書く[†2]。すなわち, $\mathrm{i} = (0, 1)$ である。

定義 1.1（和と差の定義）　　$z_1 = (x_1, y_1)$, $z_2 = (x_2, y_2)$ とするとき, 和と差は

$$z_1 \pm z_2 = (x_1 \pm x_2,\ y_1 \pm y_2) \tag{1.1}$$

である。

[†1] このように複素数 z は実数の対で表現される。
[†2] 添字で使う記号 i と区別するため, i とした。

1. 複　素　数

例題 1.1　$z_1 = (3, 4)$, $z_2 = (1, -2)$ とすると

$$z_1 + z_2 = (4, 2), \quad z_1 - z_2 = (2, 6).$$

定義 1.2（積と商の定義）　積と商の定義はつぎである。

$$z_1 z_2 = (x_1 x_2 - y_1 y_2, x_1 y_2 + x_2 y_1) \tag{1.2}$$

$$\frac{z_1}{z_2} = \left(\frac{x_1 x_2 + y_1 y_2}{x_2^2 + y_2^2}, \frac{x_2 y_1 - x_1 y_2}{x_2^2 + y_2^2} \right) \tag{1.3}$$

例題 1.2　$z_1 = (3, 4)$, $z_2 = (1, -2)$ とすると

$$z_1 z_2 = (11, -2), \quad \frac{z_1}{z_2} = (-1, 2).$$

ところで，$(x, 0)$ は実部が x で虚部が 0 であるから

$$(x, 0) = x \tag{1.4}$$

と同一視する。また，$\mathrm{i}y = (0, 1)(y, 0)$ であるので，積の定義より

$$\begin{aligned}
\mathrm{i}y &= (0, 1)(y, 0) \\
&= (0 \cdot y - 1 \cdot 0, 0 \cdot 0 + y \cdot 1) \\
&= (0, y).
\end{aligned}$$

すなわち，

$$(0, y) = \mathrm{i}y \tag{1.5}$$

となる。式 (1.4) と式 (1.5) の各辺を足すと

$$(x,0) + (0,y) = x + \mathrm{i}y \tag{1.6}$$

となり，式 (1.6) 左辺は和の定義より (x,y) であり，結局

$$z = x + \mathrm{i}y \tag{1.7}$$

と書くことができる。したがって，式 (1.1) は

$$z_1 \pm z_2 = (x_1 \pm x_2) + \mathrm{i}(y_1 \pm y_2) \tag{1.8}$$

となり，式 (1.2) と式 (1.3) は

$$z_1 z_2 = (x_1 x_2 - y_1 y_2) + \mathrm{i}(x_1 y_2 + x_2 y_1), \tag{1.9}$$

$$\frac{z_1}{z_2} = \frac{x_1 x_2 + y_1 y_2}{x_2^2 + y_2^2} + \mathrm{i}\frac{x_2 y_1 - x_1 y_2}{x_2^2 + y_2^2} \tag{1.10}$$

となる。

ここで，虚数単位と虚数単位の積 $\mathrm{i}\cdot\mathrm{i}$ を考える。積の定義により

$$\mathrm{i}\cdot\mathrm{i} = (0,1)(0,1) = (-1,0) = -1$$

となり，$\mathrm{i}^2 = -1$ を得る。この事実により，例えば，$x^2 + 1 = 0$ という方程式は $x \in \mathbb{R}$ では解はなく ($x^2 \geq 0$)，解くことは不可能である。しかし，$x \in \mathbb{C}$ として解くことが可能になるのである（例題 1.4 参照）。

複素数 $z = (x,y) = x + \mathrm{i}y$ を座標 x, y をもつ **Descartes**（デカルト）[†1]**座標系** (Cartesian coordinate system) の点として描く。この x–y 平面を**複素平面**[†2] (complex plane) という（図 **1.1**）。

複素数 $z = x + \mathrm{i}y$ の共役複素数 $\bar{z}$ とは，$\bar{z} = x - \mathrm{i}y$ で定義される。つぎの種々の公式が成り立つ。

$$\mathrm{Re}\, z = \frac{1}{2}(z + \bar{z}) \tag{1.11}$$

[†1] René Descartes (1596～1650 年)：フランス生まれの哲学者であり，数学者である。「Je pense, donc je suis（我思う，故に我在り）」は有名な命題。

[†2] 創始者の名をとり **Gauss 平面** (Gauss plane) ともいう。Johann Carl Friedrich Gauß (1777～1855 年) は，ドイツの偉大な数学者であり，Newton と双璧をなす。

1. 複素数

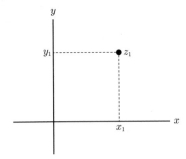

図 1.1 複素平面：2 次元平面で表し，横 (x) 軸を実軸，縦 (y) 軸を虚軸とする。例えば，$z_1 = x_1 + \mathrm{i} y_1$ である。

$$\operatorname{Im} z = \frac{1}{2\mathrm{i}}(z - \bar{z}) \tag{1.12}$$

$$\overline{z_1 \pm z_2} = \overline{z_1} \pm \overline{z_2} \tag{1.13}$$

$$\overline{z_1 z_2} = \overline{z_1}\, \overline{z_2} \tag{1.14}$$

$$\overline{\left(\frac{z_1}{z_2}\right)} = \frac{\overline{z_1}}{\overline{z_2}} \tag{1.15}$$

注意 1.1 負の実数 c（< 0）の平方根には注意する必要がある。$c_1, c_2 < 0$ とすると，残念ながら

$$\sqrt{c_1}\sqrt{c_2} \neq \sqrt{c_1 c_2} \tag{1.16}$$

である。

【理由】 例えば，$c_1 = -2$ とすると，$\sqrt{-2}$ は $\sqrt{2}\,\mathrm{i}$ または $-\sqrt{2}\,\mathrm{i}$，あるいは $\pm\sqrt{2}\,\mathrm{i}$ などがあり，どれを選択するかは自由度があるからである。　　　◇

命題 1.1 $c \geqq 0$ とする限り，c の平方根は $\sqrt{c}$ と $-\sqrt{c}$ であり，$\sqrt{c} > 0$ と約束する。このとき，

$$\sqrt{c_1}\sqrt{c_2} = \sqrt{c_1 c_2} \tag{1.17}$$

が成り立つ。

【証明】 式 (1.17) が成り立たないとする。すなわち，

$$\sqrt{c_1}\sqrt{c_2} = \sqrt{c_1 c_2} + \varepsilon \quad (\varepsilon \neq 0) \tag{1.18}$$

と書ける。両辺を 2 乗すると

$$2\varepsilon\sqrt{c_1 c_2} + \varepsilon^2 = 0$$

が得られ，$\varepsilon \neq 0$ であるので

$$\varepsilon = -2\sqrt{c_1 c_2}$$

となり，これを式 (1.18) に代入すると

$$\sqrt{c_1}\sqrt{c_2} = -\sqrt{c_1 c_2}$$

となり，$\sqrt{c} > 0$ $(c > 0)$ と約束したことに矛盾する。 ◇

注意 1.2 複素関数論では，$c \geqq 0$ の場合は，命題 1.1 に述べたとおり（中学校で習ったように）$\sqrt{c} \geqq 0$ である。しかし，c が一般の複素数の場合には，$\sqrt{c}$ の定義は，そのときに扱っている問題に応じて決める。すなわち，断りのない限り $\sqrt{-2} = \sqrt{2}\,\mathrm{i}$ とはしない（高校の数学はこのように定義している）。 ◇

1.2 極 形 式

1.2.1 極 形 式

複素数 z の極形式は，

$$z = r(\cos\theta + \mathrm{i}\sin\theta)$$

である。ここに，r を z の絶対値または大きさと呼び，$|z|$ で表す。すなわち，

$$|z| = r = \sqrt{x^2 + y^2} = \sqrt{z\bar{z}}.$$

また，θ を z の偏角と呼び，$\arg z$ で表す。すなわち，

$$\theta = \arg z = \arctan\frac{y}{x} \quad (x \neq 0)$$

であるが，

$$\arg z = \theta + 2n\pi \quad (n \in \mathbb{Z})$$

のため[†1]，偏角の主値を

$$-\pi \leqq \operatorname{Arg} z < \pi$$

で定める[†2]。

注意 1.3 arctan の形で偏角 θ の主値を決めるときには，$-\pi \leqq \theta < \pi$ で 2 価であるので，θ がどの象限にあるかにより決める（図 **1.2**）。

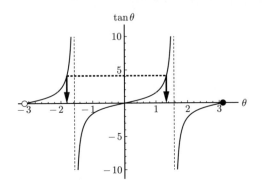

図 **1.2** 注意 1.3 の説明図 ◇

1.2.2 積 と 商

極形式における積と商はつぎのようになる。$z_1 = r_1(\cos\theta_1 + i\sin\theta_1)$，$z_2 = r_2(\cos\theta_2 + i\sin\theta_2)$ として

$$z_1 z_2 = r_1 r_2 \{\cos(\theta_1 + \theta_2) + i\sin(\theta_1 + \theta_2)\}, \tag{1.19}$$

$$\frac{z_1}{z_2} = \frac{r_1}{r_2} \{\cos(\theta_1 - \theta_2) + i\sin(\theta_1 - \theta_2)\}. \tag{1.20}$$

また，つぎの重要な関係がある。

$$|z_1 z_2| = |z_1||z_2|, \tag{1.21}$$

$$\arg(z_1 z_2) = \arg z_1 + \arg z_2 + 2\pi n. \quad (n \in \mathbb{Z}) \tag{1.22}$$

[†1] $\mathbb{Z}$ はすべての整数の集合を表す。すなわち，$\mathbb{Z} = \{0, \pm 1, \pm 2, \cdots\}$ である。
[†2] 主値を表すときには Arg と記すことに注意。

1.2.3 de Moivre の定理

つぎの de Moivre†の定理は有用である。

定理 1.1（de Moivre の定理） $n \in \mathbb{Z}$（$\mathbb{Z}$ はすべての整数の集合）として

$$(\cos\theta + \mathrm{i}\sin\theta)^n = \cos n\theta + \mathrm{i}\sin n\theta \tag{1.23}$$

が成立する。

【証明】 帰納法により容易に証明できる（章末問題【12】）。 ◇

例題 1.3 式 (1.23) において $n=2$ とすると，

$$\cos^2\theta - \sin^2\theta + \mathrm{i}2\sin\theta\cos\theta = \cos 2\theta + \mathrm{i}\sin 2\theta$$

となり，これより実部と虚部を比較して，つぎの三角関数の 2 倍角の公式を導くことができる。

$$\sin 2\theta = 2\sin\theta\cos\theta,$$
$$\cos 2\theta = \cos^2\theta - \sin^2\theta = 2\cos^2\theta - 1 = 1 - 2\sin^2\theta.$$

1.2.4 n 乗 根

z を複素数，$\mathbb{C}$ を複素数全体の集合とする。$z \neq 0$, $z \in \mathbb{C}$, 自然数 n に対して

$$w^n = z \tag{1.24}$$

を満たす複素数 w を z の n 乗根という。このとき

---
† Abraham de Moivre（1667～1754 年）：フランスの数学者であるが，後にイングランドへ亡命。

$$w = \sqrt[n]{z} \tag{1.25}$$

と書き，w は n 価となる。具体的には，z の極形式 $z = r(\cos\theta + \mathrm{i}\sin\theta)$ を使い

$$w = w_k = \sqrt[n]{r}\left(\cos\frac{\theta+2k\pi}{n} + \mathrm{i}\sin\frac{\theta+2k\pi}{n}\right) \tag{1.26}$$

となる。ここに，$k = 0, 1, 2, \cdots, n-1$ であり，また，$\sqrt[n]{r} > 0$ である（命題 1.1 の約束）。

例題 1.4 -1 の平方根 $\sqrt{-1}$ を求めよう。$z = -1 = 1\,(\cos(-\pi) + \mathrm{i}\sin(-\pi))$ であるから，この平方根は $\cos(-\pi/2) + \mathrm{i}\sin(-\pi/2)$ と $\cos(\pi/2) + \mathrm{i}\sin(\pi/2)$，すなわち $-\mathrm{i},\ \mathrm{i}$ となる。

例題 1.5 i の平方根 $\sqrt{\mathrm{i}}$ はつぎのようになる。$z = \mathrm{i} = 1\,\{\cos(\pi/2) + \mathrm{i}\sin(\pi/2)\}$ であるから，この平方根は $\cos(\pi/4) + \mathrm{i}\sin(\pi/4)$ と $\cos(5\pi/4) + \mathrm{i}\sin(5\pi/4)$，すなわち $(1/\sqrt{2}) + \mathrm{i}(1/\sqrt{2}),\ -(1/\sqrt{2}) - \mathrm{i}(1/\sqrt{2})$ となる。

例題 1.6 1 の 3 乗根は $\sqrt[3]{1}$ と書くことができるが，これは $\cos 0 + \mathrm{i}\sin 0$，$\cos(2\pi/3) + \mathrm{i}\sin(2\pi/3)$，$\cos(4\pi/3) + \mathrm{i}\sin(4\pi/3)$，すなわち，これらは単位円上にあり，$1,\ \cos(2\pi/3) + \mathrm{i}\sin(2\pi/3),\ \cos(4\pi/3) + \mathrm{i}\sin(4\pi/3)$ の 3 価となる（図 **1.3**）。

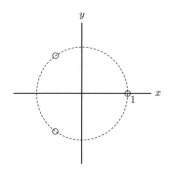

図 **1.3** 1 の 3 乗根：$\sqrt[3]{1}$（3 価となる）

1.3 三角不等式

定理 1.2(三角不等式(triangle inequality)) 複素数 z_1 と z_2 に対し,つぎが成り立つ。

$$|z_1 + z_2| \leq |z_1| + |z_2|, \tag{1.27}$$

$$||z_1| - |z_2|| \leq |z_1 - z_2|. \tag{1.28}$$

【証明】 式 (1.27): $z_i = r_i(\cos\theta_i + i\sin\theta_i)$, $i = 1, 2$ と表すと

$$(|z_1| + |z_2|)^2 = (r_1 + r_2)^2.$$

また,

$$|z_1 + z_2|^2 = r_1^2 + r_2^2 + 2r_1 r_2 \cos(\theta_1 - \theta_2).$$

これらより

$$(|z_1| + |z_2|)^2 - |z_1 + z_2|^2 = 2r_1 r_2 \{1 - \cos(\theta_1 - \theta_2)\} \geq 0.$$

式 (1.28): $|z_1| \geq |z_2|$ のときは

$$|z_1| \leq |z_1 - z_2| + |z_2|$$

と等価である。これは式 (1.27) において z_1 を $z_1 - z_2$ と置き換えれば,ただちに得ることができる。$|z_1| < |z_2|$ のときも同様。 ◇

例題 1.7 $z_1 = 1 + i$ $(= \sqrt{2}\{\cos(\pi/4) + i\sin(\pi/4)\})$, $z_2 = -1 + i$ $(= \sqrt{2}\{\cos(3\pi/4) + i\sin(3\pi/4)\})$ のとき,$|z_1 + z_2| = 2$,$|z_1| + |z_2| = 2\sqrt{2}$ だから,この場合,$|z_1 + z_2| < |z_1| + |z_2|$ となる。$z_3 = 2 + 2i$ $(= 2\sqrt{2}\{\cos(\pi/4) + i\sin(\pi/4)\})$ のとき,z_1 と z_3 は偏角が等しいので,$|z_1 + z_3| = 3\sqrt{2} = |z_1| + |z_3|$ となる。

系 1.1（三角不等式の一般化） つぎが成り立つ。

$$|z_1 + z_2 + z_3 + \cdots + z_n| \leq |z_1| + |z_2| + |z_3| + \cdots + |z_n|. \quad (1.29)$$

式 (1.29) は式 (1.27) より帰納的に容易に導かれるので，証明は読者に委ねる（章末問題【18】）。

章 末 問 題

【1】 式 (1.11)～(1.15) の公式が成立することを確かめよ。

【2】 複素数 $z_1 = 4 + 3\mathrm{i}$, $z_2 = 2 - 5\mathrm{i}$ として，つぎを計算せよ。

(1) $z_1 z_2$ (2) $\dfrac{1}{z_1}$ (3) $\dfrac{z_1 - z_2}{z_1 + z_2}$

【3】 複素数 $z = x + \mathrm{i}y$, $x, y \in \mathbb{R}$ として，つぎを計算せよ。

(1) $\mathrm{Im}\,\dfrac{1}{z}$ (2) $\mathrm{Im}\,z^4$ (3) $\mathrm{Re}\,\dfrac{z}{\bar{z}}$

【4】 つぎの複素数 z を $x + \mathrm{i}y$, $x, y \in \mathbb{R}$ の形に表せ。さらに共役複素数 $\bar{z}$, 実部 $\mathrm{Re}\,z$, 虚部 $\mathrm{Im}\,z$, 絶対値 $|z|$ を求めよ。

(1) $z = (\mathrm{i} - 1)(\mathrm{i} + 2)$ (2) $z = \dfrac{1 - 5\mathrm{i}}{1 - \mathrm{i}} - \dfrac{10}{3 - \mathrm{i}}$

【5】 つぎの複素数 z について絶対値 $|z|$ を求めよ。

(1) $z = \left(\sqrt{2} + \sqrt{3}\mathrm{i}\right)^8$ (2) $z = \dfrac{(1 + 2\mathrm{i})(3 + 4\mathrm{i})(5 + 6\mathrm{i})}{(2 + \mathrm{i})(4 + 3\mathrm{i})(6 + 5\mathrm{i})}$

【6】 複素数 z, w に対し，つぎの (1), (2) が成り立つことを示せ。

(1) $|z + w|^2 + |z - w|^2 = 2(|z|^2 + |w|^2)$

(2) $1 - \left|\dfrac{z - w}{1 - \bar{z}w}\right|^2 = \dfrac{(1 - |z|^2)(1 - |w|^2)}{|1 - \bar{z}w|^2}$ （ただし，$1 - \bar{z}w \neq 0$）

【7】 複素数 z に対し，つぎの不等式が成り立つことを示せ。

$$|\mathrm{Re}\,z|, |\mathrm{Im}\,z| \leq |z| \leq |\mathrm{Re}\,z| + |\mathrm{Im}\,z|$$

【8】 $-3 - 4\mathrm{i}$ と $\pm 3\mathrm{i}$ を極形式で表せ。

【9】 $1 + \mathrm{i}$ と $1 - \mathrm{i}$ を極形式で表せ。また，その偏角の主値はいくらか。

【10】 $(-1) \times (-1) = 1$ を極形式で表せ。

【11】 つぎを複素平面上に図示せよ。

(1) $\sqrt{8}\left(\cos\dfrac{\pi}{4} + i\sin\dfrac{\pi}{4}\right)$　(2) $\sqrt{18}\left(\cos\dfrac{3\pi}{4} + i\sin\dfrac{3\pi}{4}\right)$

【12】 de Moivre の定理（式 (1.23)）を帰納法により証明せよ。

【13】 de Moivre の定理を使い，複素数 $-1+i$ の 4 乗根を求めよ．また，根の位置を図示せよ．

【14】 つぎのべき根を求めて図示せよ．

(1) $\sqrt[3]{1+i}$　(2) $\sqrt[3]{216}$

【15】 式 (1.23) において $n=3$ として正弦関数，余弦関数の 3 倍角の公式を導け．

【16】 $z^5 = 1$ を満たす複素数 z をすべて求めて，複素平面上に図示せよ．

【17】 つぎの式を満たす複素数 z はどのような曲線上を動くか図示せよ．

(1) $z = \cos\theta + 2i\sin\theta$　　$(0 \leqq \theta \leqq \pi)$

(2) $\mathrm{Re}\, z^2 = 1$

【18】 式 (1.29) を証明せよ．

【19】 $a_0, a_1, \cdots, a_n$ を実数とする．複素数 $z = \alpha$ が n 次代数方程式

$$a_n z^n + a_{n-1} z^{n-1} + \cdots + a_1 z + a_0 = 0$$

の解ならば，$z = \bar{\alpha}$ も解であることを示せ．

2章 複素関数の極限と領域

2.1 複素関数

複素数 z の集合 S で定義される関数 f とは，S に属するすべての z に対して，z における f の値と呼ばれる複素数 w を割り当てる規則のことで

$$w = f(z)$$

と書き，$f(z)$ を（実関数と区別して）**複素関数**（complex function）という。z を**複素変数**（complex variable），集合 S を f の**定義域**（domain）と呼ぶ。関数 f のすべての値がつくる集合を f の**値域**（image）という。$z = x + \mathrm{i}y$ で u, v を実関数として

$$w = f(z) = u(x, y) + \mathrm{i}v(x, y)$$

と書く。

例題 2.1 複素関数を

$$w = f(z) = z^2 \tag{2.1}$$

とすると，対応する実関数は

$$\begin{cases} u = u(x, y) = x^2 - y^2, \\ v = v(x, y) = 2xy \end{cases} \tag{2.2}$$

である。式 (2.1) と式 (2.2) は同値である。

例題 2.1 で複素関数を図形的に見てみよう。

(1) 式 (2.2) において，$x = x_0$ として，y を消去すると

$$v^2 = -4x_0^2(u - x_0^2) \tag{2.3}$$

を得る。これは**図 2.1** に示すように，z 平面で直線 $x = x_0$ が f という写像により，w 平面で u 軸上の x_0^2 を頂点とする放物線になるということである（この場合，直線 $x = -x_0$ も同じ放物線に写像される）。

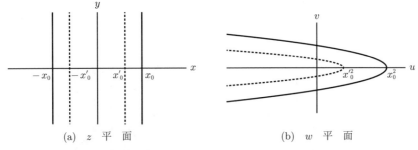

図 2.1 写像 1：複素関数 $f(z) = z^2$ は，z 平面（図 (a)）の $x = \pm x_0$ を w 平面（図 (b)）の放物線に写像する。図 (a) の実線（破線）は図 (b) の実線（破線）に写像される。

(2) また，式 (2.2) において，$y = y_0$ として，今度は x を消去すると

$$v^2 = 4y_0^2(u + y_0^2) \tag{2.4}$$

を得る。これは**図 2.2** に示すように，z 平面で直線 $y = y_0$ が f という写像により，w 平面で u 軸上の $-y_0^2$ を頂点とする放物線になるということである（この場合，直線 $y = -y_0$ も同じ放物線に写像される）。

(3) さて，今度は式 (2.2) において，w 平面で $u = u_0$ とすると

$$x^2 - y^2 = u_0 \tag{2.5}$$

となり，これは z 平面で $x^2 - y^2 = 0$ を漸近線とする双曲線になる。**図 2.3**

2. 複素関数の極限と領域

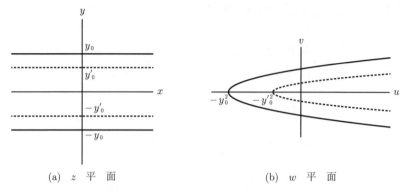

図 2.2 写像 2：複素関数 $f(z) = z^2$ は，z 平面（図 (a)）の $y = \pm y_0$ を w 平面（図 (b)）の放物線に写像する。図 (a) の実線（破線）は図 (b) の実線（破線）に写像される。

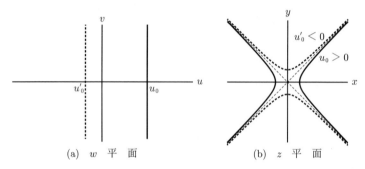

図 2.3 写像 3：複素関数 $f(z) = z^2$ は，w 平面（図 (a)）の $u = u_0$ を z 平面（図 (b)）の $x^2 - y^2 = 0$ を漸近線とする双曲線に写像する。図 (a) の実線（破線）は図 (b) の実線（破線）に写像される。

に示すように，w 平面上の u_0 の正（負）に対応して z 平面で x（y）軸を横切る双曲線に写像される。

(4) また，w 平面で $v = v_0$ とすると

$$xy = \frac{v_0}{2} \tag{2.6}$$

となり，これは z 平面で x，y 軸を漸近線とする双曲線である。**図 2.4** に示すように，w 平面上の v_0 の正（負）に対応して z 平面の第 1，3 象限（第 2，4 象限）の双曲線に写像される。

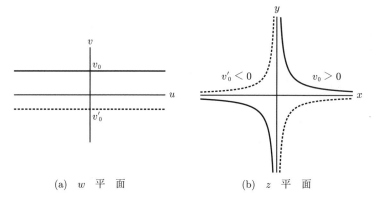

図 2.4 写像 4：複素関数 $f(z) = z^2$ は，w 平面（図 (a)）の $v = v_0$ を z 平面（図 (b)）の x，y 軸を漸近線とする双曲線に写像する．図 (a) の実線（破線）は図 (b) の実線（破線）に写像される．

(1), (2) において，z 平面のそれぞれの直線は点 (x_0, y_0) で直交している．しかるに，これらを写像した w 平面の放物線ではどうだろうか．放物線（式 (2.3)）における $u = u(x_0, y_0)$，$v = v(x_0, y_0)$ での接線の傾きは

$$\left.\frac{\mathrm{d}v}{\mathrm{d}u}\right|_{\substack{u=u(x_0,y_0)\\v=v(x_0,y_0)}} = -\frac{2x_0^2}{v(x_0, y_0)} \tag{2.7}$$

となり，また，式 (2.4) における同じ点での接線の傾きは

$$\left.\frac{\mathrm{d}v}{\mathrm{d}u}\right|_{\substack{u=u(x_0,y_0)\\v=v(x_0,y_0)}} = \frac{2y_0^2}{v(x_0, y_0)} \tag{2.8}$$

となる．したがって，式 (2.7) と式 (2.8) より，それらの接線の傾きの積は，式 (2.2) より $v_0^2 = 4x_0^2 y_0^2$ であるから

$$-\frac{2x_0^2}{v(x_0, y_0)}\frac{2y_0^2}{v(x_0, y_0)} = -\frac{4x_0^2 y_0^2}{v^2(x_0, y_0)} = -1$$

となり，やはり写像された先でも直交していることがわかる．すなわち，w の原像の曲線間の角が z の像において保存されている．じつは，角の方向も保存されるのであるが，この性質を写像の**等角性**という（7 章で解説する）．ここではこれ以上立ち入らないが，この性質は応用上重要である．

2.2 領域

まず,いくつかの複素平面上の図形を見てみよう。$a \in \mathbb{C}$, $\rho > 0$, $\rho_1, \rho_2 > 0$ として,つぎの (1)〜(6) の図形を図 2.5〜図 2.7 に示す。

(1) 円:$|z - a| = \rho$

(2) 開円板:$|z - a| < \rho$

(3) 閉円板:$|z - a| \leqq \rho$

(4) 開円環:$\rho_1 < |z - a| < \rho_2$

(5) 閉円環:$\rho_1 \leqq |z - a| \leqq \rho_2$

(6) 半平面:$\operatorname{Im} z > 0$, $\operatorname{Im} z < 0$, $\operatorname{Re} z > 0$, $\operatorname{Re} z < 0$

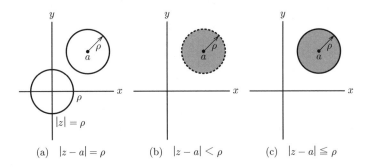

図 2.5　複素平面上の円,開円板,閉円板

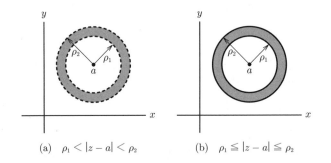

図 2.6　開円環と閉円環

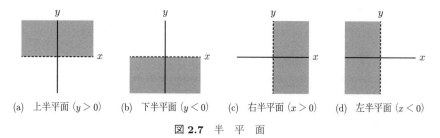

(a) 上半平面 $(y>0)$　(b) 下半平面 $(y<0)$　(c) 右半平面 $(x>0)$　(d) 左半平面 $(x<0)$

図 2.7　半　平　面

つぎに近傍と開集合（open set）を定義する。

定義 2.1（近傍）　　$a\in\mathbb{C}$, $\varepsilon>0$ として

$$U_\varepsilon(a)=\{z\mid |z-a|<\varepsilon\}$$

を点 a の ε 近傍（ε neighborhood）または単に**近傍**という。

注意 2.1　　開円板 $|z-a|<\rho$ は点 a の近傍である。a の近傍は無数存在する。また，a はどの近傍の点でもある。　　◇

定義 2.2（開集合）　　平面上の集合 G の各点 z に対して，z の近傍 $U_\varepsilon(z)$ で

$$U_\varepsilon(z)\subset G$$

となるものが存在するとき，G を**開集合**という†。

---

† a を集合 G の点とし，a のある近傍が G の点ばかりからなるとき，a を G の**内点**という。開集合とは内点ばかりからなる集合といえる。直感的にはふ̇ち̇（へり）が入っていない集合と思えばよい。ちなみに，集合 G の**外点**とは G の補集合の内点のことである。

定義 2.3（領域） 開集合 D において，D のどの2点も D 内に含まれる有限個の線分からなる折れ線で結ぶことができるとき，D を**領域** (domain) という†．

例題 2.2 2.2 節冒頭の開円板 (2)，開円環 (4)，半平面 (6) は開集合であり，かつ領域でもある．

例題 2.3 つぎの集合 A, B, C で (a) 開集合，(b) 領域はどれか．
(1) $A = \{z \mid |z| < 1\}$
(2) $B = A \cap \{z \mid \operatorname{Re} z \neq 0\}$
(3) $C = A \cap \left\{z \;\middle|\; |z| > \dfrac{1}{2}\right\}$

【解説】 (a) (1) 集合 A は原点を中心とした半径 1 の開円板である．A の点 z_0 に対して

$$0 < \varepsilon < 1 - |z_0|$$

を満たす ε をとる．$|z - z_0| < \varepsilon$ ならば三角不等式より

$$|z| = |(z - z_0) + z_0| \leq |z - z_0| + |z_0| < \varepsilon + |z_0| < 1$$

となり，z は A の点であることがわかる．よって，$U_\varepsilon(z_0) \subset A$ がいえたので A は開集合である．
(2) z_0 が集合 B の点ならば集合 A の点になり，$\operatorname{Re} z_0 \neq 0$ だから ε を

$$0 < \varepsilon < 1 - |z_0| \quad \text{かつ} \quad 0 < \varepsilon < |\operatorname{Re} z_0|$$

---

† 開集合 D の任意の2点が D 内の有限個の線分でできた折れ線で結ぶことができるとき，集合 D は連結であるという．すなわち，領域とは連結開集合のことである．また，閉領域とは領域 D とその境界 ∂D を合わせた集合のことである．ちなみに，集合 S の境界点とは，S の内点でも外点でもない点であり，S のすべての境界点の集合を S の境界という．また，定義域の意味で領域ということもあるが，これは文脈から判断できることである．

を満たすようにとる．$|z-z_0|<\varepsilon$ を満たす z に対して，$|z|<1$ であり，さらに

$$|\operatorname{Re}z - \operatorname{Re}z_0| \leqq |z-z_0| < |\operatorname{Re}z_0|$$

より $\operatorname{Re}z \neq 0$ となり，したがって，z は B の点になる．よって，$U_\varepsilon(z_0) \subset B$ がいえたので B は開集合である（図 **2.8** 参考）．

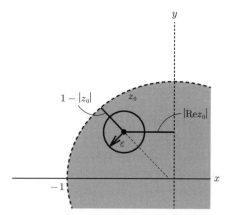

図 **2.8** 例題 2.3 の集合 B の開集合の説明

(3) z_0 が集合 C の点ならば，ε を

$$0<\varepsilon<1-|z_0| \quad \text{かつ} \quad 0<\varepsilon<|z_0|-\frac{1}{2}$$

を満たすようにとれば，(2) と同様にして，$U_\varepsilon(z_0) \subset C$ がいえる．よって，C は開集合である．図 **2.9** に集合 A, B, C を図示しておく．

(b) (1) 集合 A のどの 2 点も，それを結ぶ線分は A に含まれるから，A は領域

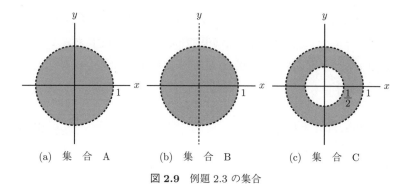

(a) 集合 A　　(b) 集合 B　　(c) 集合 C

図 **2.9** 例題 2.3 の集合

である．

　(2) 集合 B は集合 A を y 軸で分離した左右の二つの部分よりなるので，左側と右側の点を B 内の折れ線で結ぶことは不可能である．よって，B は領域ではない．

　(3) 集合 C のどの 2 点も C 内の折れ線で結ぶことができるので，C は領域である． ◇

例題 2.4　　集合 $D = \{z \mid \operatorname{Im} z > 0,\ z \neq \mathrm{i}\}$ は領域か．

【解説】　　集合 D の点 z_0 に対して $\operatorname{Im} z_0 > 0$, $z_0 \neq \mathrm{i}$ であるから，$0 < \varepsilon < \operatorname{Im} z_0$, $0 < \varepsilon < |z_0 - \mathrm{i}|$ を満たす ε をとる．$|z - z_0| < \varepsilon$ を満たす z に対して

$$\operatorname{Im} z = \operatorname{Im}(z - z_0) + \operatorname{Im} z_0 > -|z - z_0| + \varepsilon > 0,$$

$$|z - \mathrm{i}| = |(z - z_0) + (z_0 - \mathrm{i})| \geqq -|z - z_0| + |z_0 - \mathrm{i}| > -\varepsilon + |z_0 - \mathrm{i}| > 0.$$

ゆえに，z は D の点であることがわかる．したがって，$U_\varepsilon(z_0) \subset D$ が示された．よって，D は開集合である．また，D のどの 2 点も D 内の折れ線で結べるので，D は領域である． ◇

2.3　極限と連続性

定義 2.4（極限）　　関数 $w = f(z)$ について，すべての正の実数 ε に対して，円板 $|z - z_0| < \delta$ 内のすべての $z \neq z_0$ に対して，$|f(z) - l| < \varepsilon$ を満たす正の実数 δ を見出すことができるとき，すなわち，半径 δ の円板内のすべての $z \neq z_0$ に対して，f の値が円板 $|w - l| < \varepsilon$ の中にあることが，f が極限をもつ定義である（図 **2.10** 参照）．関数 $f(z)$ は点 z が点 z_0 に近づくとき極限 l をもつといい

$$\lim_{z \to z_0} f(z) = l \tag{2.9}$$

と書く．

2.3 極限と連続性

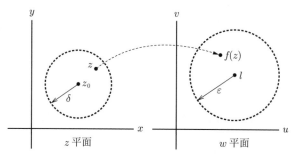

図 2.10 極限の定義

注意 2.2 式 (2.9) において，極限値 l は z から z_0 への経路にはよらないことに注意せよ．また，$z = z_0$ で関数 $f(z)$ は定義されていなくてもよい． ◇

例題 2.5 関数 $f(z) = 2z$ ($z = x + \mathrm{i}y$, $z_0 = x_0 + \mathrm{i}y_0$) とする．このとき，$l = l_r + \mathrm{i}l_i$ とすると，$|f(z) - l| < \varepsilon$ は

$$\sqrt{\left(x - \frac{l_r}{2}\right)^2 + \left(y - \frac{l_i}{2}\right)^2} < \frac{\varepsilon}{2}$$

となる．この任意の ε に対して

$$|z - z_0| = \sqrt{(x - x_0)^2 + (y - y_0)^2} < \delta$$

となる δ が存在すれば，$f(z)$ は $z \to z_0$ のとき l という極限をもつ．具体的に，$\delta = \varepsilon/2$ ととれば

$$l_r = 2x_0, \qquad l_i = 2y_0$$

となり，すなわち，

$$\lim_{z \to z_0} f(z) = 2z_0$$

を得る．

例題 2.6　以下の極限値は存在するか。

$$\lim_{z \to i} \frac{z^2 + (1-i)z - i}{z^2 + 1}$$

【解説】　つぎの簡単な計算により，極限が存在することがわかる。

$$\lim_{z \to i} \frac{z^2 + (1-i)z - i}{z^2 + 1} = \lim_{z \to i} \frac{(z-i)(z+1)}{(z-i)(z+i)} = \frac{1-i}{2}.$$　◇

定義 2.5（連続性）　関数 $f(z)$ は $f(z_0)$ が定義されており

$$\lim_{z \to z_0} f(z) = f(z_0)$$

ならば，$z = z_0$ で連続であるという。正確に書くと，任意の $\varepsilon\ (>0)$ が与えられたとき，$\delta\ (>0)$ を適当にとり

$$|z - z_0| < \delta \quad \text{ならば} \quad |f(z) - f(z_0)| < \varepsilon \tag{2.10}$$

であるとき，関数 $f(z)$ は $z = z_0$ で連続であるという。

注意 2.3　連続は，極限の定義より関数 $f(z)$ が点 z_0 の近傍で定義されているだけである。　◇

$f(z)$ がある領域 D のすべての点で連続であるならば，領域 D で連続であるという。

例題 2.7　関数 $f(z)$ が点 z_0 で連続ならば，$\overline{f(z)}$ は z_0 で連続である。

【解説】　$z \to z_0$ のとき $|\overline{f(z)} - \overline{f(z_0)}| \to 0$ を示せばよい。

$$\left|\overline{f(z)} - \overline{f(z_0)}\right| = |f(z) - f(z_0)|$$

となり，$z \to z_0$ のとき $|f(z) - f(z_0)| \to 0$ であるので，$\overline{f(z)}$ は点 z_0 で連続である。

例題 2.8

$$f(z) = \begin{cases} \dfrac{\text{Im}\, z}{z}, & (z \neq 0) \\ 0 & (z = 0) \end{cases}$$

は点 $z = 0$ で不連続である。なぜなら，$(\text{Im}\, z)/z = \sin\theta\, e^{-\mathrm{i}\theta}$ となり（式 (4.7) 参照），関数 $f(z)$ は $z \to 0$ で一意でないからである。

章 末 問 題

【1】 例題 2.1 の w 平面で $u = u_0$, $v = v_0$ の直線は直交し，これらの逆像は z 平面にて双曲線になる。これらの等角性を確かめよ。

【2】 (1) 複素関数 $w = f(z) = z^2 + 3z$ とするとき，実関数 u と v を求めよ。また，$z = 1 + 3\mathrm{i}$ に対して f の値を計算せよ。

(2) 複素関数 $w = f(z) = 2\mathrm{i}z + 6z$ とするとき，実関数 u と v を求めよ。また，$z = 1/2 + 4\mathrm{i}$ に対して f の値を計算せよ。

【3】 つぎの極限値があれば，その値を求めよ。

(1) $\displaystyle\lim_{z \to 0} \frac{\overline{z}}{z}$

（ヒント：x 軸に沿う極限値と y 軸に沿う極限値を求めよ。極限が存在すれば，$z \to 0$ の近づき方には無関係でなければならない）。

(2) $\displaystyle\lim_{z \to 2\mathrm{i}} \frac{3z(z - 2\mathrm{i})}{z^2 + 4}$

(3) $\displaystyle\lim_{z \to 0} \frac{\overline{z}}{|z|}$

【4】 関数 $f(z)$ が点 z_0 で連続ならば，$|f(z)|$ は z_0 で連続であることを証明せよ（ヒント：三角不等式を使う）。

【5】 つぎの関数は点 $z = 0$ で連続か。

(1) $f(z) = \begin{cases} \dfrac{\text{Re}\, z}{z}, & (z \neq 0) \\ 0. & (z = 0) \end{cases}$

(2) $f(z) = \dfrac{\text{Re}\, z}{1 + |z|}$

3章 正則関数

3.1 導関数

定義 3.1 複素関数 $f(z)$ の点 z_0 における**微係数**(differential coefficient) を $f'(z_0)$ と書き

$$f'(z_0) = \lim_{\Delta z \to 0} \frac{f(z_0 + \Delta z) - f(z_0)}{\Delta z} \tag{3.1}$$

で定義する。ただし，右辺の極限が存在すると仮定している。右辺の極限が存在するならば，関数 $f(z)$ は点 z_0 で**微分可能** (differentiable) という。

注意 3.1 $\{f(z_0 + \Delta z) - f(z_0)\}/\Delta z$ を Newton[†] にちなんでニュートン商といい，Δz と点 z_0 に関係しているので，これを $f_{\Delta z}(z_0)$ と書く。すなわち，

$$f_{\Delta z}(z_0) = \frac{f(z_0 + \Delta z) - f(z_0)}{\Delta z}. \tag{3.2}$$

また，式 (3.1) を微分商ということがある。 ◇

式 (3.1) において $\Delta z = z - z_0$ と書けば

$$f'(z_0) = \lim_{z \to z_0} \frac{f(z) - f(z_0)}{z - z_0}$$

とも書くことができる。この式は重要なことを物語っている。$f(z)$ は z_0 の近

[†] Isaac Newton (1642〜1727 年)：イングランド生まれの数学者であり，哲学者であり，物理学者や天文学者でもあった人類最高の知者といっていいであろう。今日の微積分法（当時の流率法）の発見やニュートン力学の確立がその業績として顕著である。

傍で定義されているので，z は複素平面上任意の方向から z_0 に近づくことができ，したがって，微分可能性は z がどの経路をたどって z_0 に近づいても，右辺の値は等しいということである．

定義 3.2 関数 $w = f(z)$ は領域 D で定義された複素変数 z の関数とする．$f(z)$ が D に属するすべての点 z で微分可能であるとき，$f(z)$ は D において微分可能であるという．また，

$$f'(z) = \lim_{\Delta z \to 0} \frac{f(z + \Delta z) - f(z)}{\Delta z} \tag{3.3}$$

とおくと，この $f'(z)$ は D で定義された z の関数となり，$f(z)$ の **導関数** (derivative) という．$f'(z)$ は

$$\frac{\mathrm{d}w}{\mathrm{d}z}, \quad \frac{\mathrm{d}f}{\mathrm{d}z}$$

とも表される．

例題 3.1 関数 $f(z) = \overline{z} = x - \mathrm{i}y$ は，どの点でも微係数をもたない．

【解説】 $\Delta z = \Delta x + \mathrm{i}\Delta y$ と書くと

$$\frac{f(z+\Delta z) - f(z)}{\Delta z} = \frac{\overline{z + \Delta z} - \overline{z}}{\Delta z} = \frac{\overline{\Delta z}}{\Delta z} = \frac{\Delta x - \mathrm{i}\Delta y}{\Delta x + \mathrm{i}\Delta y} \tag{3.4}$$

となり，図 **3.1** の経路 I では，$\Delta y = 0$ であるので右辺は $+1$ となる．また，経路 II では，$\Delta x = 0$ であり右辺は -1 となる．したがって，$\Delta z \to 0$ のとき式 (3.4) の極限はすべての z で存在しない．

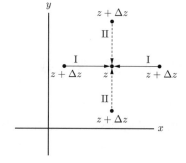

図 **3.1** 例題 3.1：$\Delta z \to 0$ の経路 ◇

3.2 微分法則

定理 3.1 点 z_0 で微分可能な関数は，そこで連続である．

【証明】 関数を $f(z)$ とする．式 (3.2) より
$$f(z_0 + \Delta z) - f(z_0) = \Delta z f_{\Delta z}(z_0)$$
であり，微分可能であるので，式 (3.1) は $\lim_{\Delta z \to 0} f_{\Delta z}(z_0) = f'(z_0)$ と書くことができ
$$f(z_0 + \Delta z) - f(z_0) = \Delta z f_{\Delta z}(z_0) \to 0 \cdot f'(z_0) = 0 \quad (\Delta z \to 0)$$
となり，$f(z)$ は z_0 で連続であることが証明された．　　◇

微積分で習ったつぎの法則が，複素関数でも同様に成立する．

定理 3.2 $f(z)$, $g(z)$ が z_0 で微分可能なとき，つぎが成立する．

(1) $(cf)'(z_0) = cf'(z_0)$ 　　　　　　　　　　(c は複素数の定数)

(2) $(f + g)'(z_0) = f'(z_0) + g'(z_0)$

(3) $(fg)'(z_0) = f'(z_0)g(z_0) + f(z_0)g'(z_0)$

(4) $\left(\dfrac{f}{g}\right)'(z_0) = \dfrac{f'(z_0)g(z_0) - f(z_0)g'(z_0)}{\left(g(z_0)\right)^2}$ 　　$(g(z_0) \neq 0)$

3.3 正則関数

定義 3.3 (正則関数) 関数 $f(z)$ は領域 $D \subset \mathbb{C}$ ($\mathbb{C}$ は複素数全体の集合) のすべての点で定義されており，複素変数 z の関数とする．$f(z)$ が D のすべての点 z について微分可能で，その導関数 $f'(z)$ が連続であると

き，$f(z)$ は D で**正則** (holomorphic) であるといい，$f(z)$ を z の**正則関数** (holomorphic function) という．

注意 3.2 複素変数の導関数は自然に連続になる[†]ので，定義 3.3 は定義 3.4 としてよい．むしろ定義 3.4 で定義するほうが現代的である． ◇

定義 3.4（正則関数） 関数 $f(z)$ は領域 $D \subset \mathbb{C}$ のすべての点で定義されており，複素変数 z の関数とする．$f(z)$ が D のすべての点 z について微分可能であるとき，$f(z)$ は D で正則であるという．

例えば，$c_0, c_1, c_2, \cdots, c_n$ を複素数の係数とする多項式

$$f(z) = c_0 + c_1 z + c_2 z^2 + \cdots + c_n z^n$$

は全複素平面で正則である．また，有理関数

$$f(z) = \frac{g(z)}{h(z)} \quad (g \text{ と } h \text{ の共通因子はないとする})$$

は，$h(z) = 0$ の点を除いて正則である．

3.4 Cauchy-Riemann の方程式

定理 3.3（Cauchy-Riemann の方程式） 関数 $f(z) = u(x,y) + \mathrm{i}v(x,y)$ は，点 $z = x + \mathrm{i}y$ のある近傍で定義され，z において微分可能であるとする．このとき，その点 z において u と v は 1 階偏導関数が存在して

$$u_x = v_y, \qquad u_y = -v_x \tag{3.5}$$

[†] Goursat の定理（定理 3.7）による．すなわち，関数 $f(z)$ が領域 D で正則ならば，$f'(z)$ も D で正則であり，したがって，D で連続である．

を満たす[1]。

系 3.1 関数 $f(z)$ が領域 D で正則であれば，D のすべての点で $u(x,y)$, $v(x,y)$ の偏導関数が存在し，式 (3.5) を満足する。

注意 3.3 式 (3.5) を Cauchy[2]-Riemann[3] の方程式という。 ◇

例題 3.2 関数 $f(z) = z^2$ は複素平面全体で正則である。

【理由】 関数 $f(z) = z^2 = x^2 - y^2 + \mathrm{i}2xy$ より，二つの実数値関数は $u(x,y) = x^2 - y^2$，$v(x,y) = 2xy$ であり，これより $u_x = v_y = 2x$，$u_y = -v_x = -2y$ となり Cauchy-Riemann の方程式を満足する。 ◇

【定理 3.3 の証明】 関数 $f(z)$ は微分可能であるから，導関数 $f'(z)$ が存在し

$$f'(z) = \lim_{\Delta z \to 0} \frac{f(z + \Delta z) - f(z)}{\Delta z} \tag{3.6}$$

で与えられる。Δz は z の近傍でいかなる経路を通っても 0 に近づくことができる。したがって，図 3.1 の経路 I と経路 II のどちらを選んでも結果は等しいとおくことができる。$\Delta z = \Delta x + \mathrm{i}\Delta y$ とすると，式 (3.6) は

$$f'(z) = \lim_{\Delta z \to 0} \frac{[u(x+\Delta x, y+\Delta y) + \mathrm{i}v(x+\Delta x, y+\Delta y)] - [u(x,y) + \mathrm{i}v(x,y)]}{\Delta x + \mathrm{i}\Delta y}$$

となる。経路 I を選ぶと，このときは $\Delta y = 0$ とし，その後 $\Delta x \to 0$ とすることになる。まず $\Delta y = 0$ とすると，上式は

$$f'(z) = \lim_{\Delta x \to 0} \frac{[u(x+\Delta x, y) + \mathrm{i}v(x+\Delta x, y)] - [u(x,y) + \mathrm{i}v(x,y)]}{\Delta x}$$

---

[1] 記号 u_x は $\partial u/\partial x$ の意味である。u_y なども同様。

[2] Augustin-Louis Cauchy（1789〜1857 年）：フランス革命勃発の約 1 ヶ月後（8 月 21 日）に誕生したフランスの数学者。複素解析の創始者であり，近代数学の父。常識を欠くほど熱心なカトリック信者で，最後の言葉は「人間は死ぬが行為は残る」であった。

[3] Georg Friedrich Bernhard Riemann（1826〜1866 年）：ウィーン体制下における当時のドイツ連邦の数学者。解析学，幾何学，数論の多分野で業績を上げた。素数の分布に関係した Riemann 予想はいまだ解決されておらず，ミレニアム懸賞問題の一つになっている。

$$= \lim_{\Delta x \to 0} \frac{u(x+\Delta x, y) - u(x,y)}{\Delta x} + \mathrm{i} \lim_{\Delta x \to 0} \frac{v(x+\Delta x, y) - v(x,y)}{\Delta x}$$

となり，$f'(z)$ は存在するから，右辺の二つの実数の極限は存在する．それらは偏導関数の定義であるから

$$f'(z) = u_x + \mathrm{i} v_x \tag{3.7}$$

と書くことができる．同様に経路 II を選ぶと，このときは $\Delta x = 0$ とし，その後 $\Delta y \to 0$ とすることになる．まず $\Delta x = 0$ とすると

$$f'(z) = \lim_{\Delta y \to 0} \frac{u(x, y+\Delta y) - u(x,y)}{\mathrm{i}\Delta y} + \mathrm{i} \lim_{\Delta y \to 0} \frac{v(x, y+\Delta y) - v(x,y)}{\mathrm{i}\Delta y}$$

となり，結局

$$f'(z) = -\mathrm{i} u_y + v_y \tag{3.8}$$

を得る．式 (3.7) と式 (3.8) は同一のものであるから，実部と虚部をそれぞれ等しいとおくと，式 (3.5) を得る． $\diamondsuit$

つぎは定理 3.3 の逆である．

定理 3.4 二つの実数値関数 $u(x,y)$ と $v(x,y)$ が，ある領域 D で Cauchy-Riemann の方程式を満たす連続な 1 階偏導関数をもつならば，複素関数 $f(z) = u(x,y) + \mathrm{i} v(x,y)$ は領域 D で正則である．

【証明】

$$\Delta u = u(x+\Delta x, y+\Delta y) - u(x,y)$$

を計算すると

$$\Delta u = u(x+\Delta x, y+\Delta y) - u(x, y+\Delta y) + u(x, y+\Delta y) - u(x,y)$$
$$= (u_x(x,y) + \varepsilon_1)\Delta x + (u_y(x,y) + \varepsilon_2)\Delta y \tag{3.9}$$

となる．ここで，$\varepsilon_1, \varepsilon_2$ は，u_x, u_y が連続だから $\Delta x \to 0, \Delta y \to 0$ のとき $\varepsilon_1, \varepsilon_2 \to 0$ なる高次微小項である．したがって，式 (3.9) は

$$\Delta u = u_x \Delta x + u_y \Delta y + o\left(\sqrt{\Delta x^2 + \Delta y^2}\right) \tag{3.10}$$

と書ける[†1]。同様にして，つぎを得る。

$$\Delta v = v_x \Delta x + v_y \Delta y + o\left(\sqrt{\Delta x^2 + \Delta y^2}\right). \tag{3.11}$$

式 (3.10) と式 (3.11) より

$$f(z + \Delta z) - f(z) = \Delta u + i\Delta v$$
$$= (u_x + iv_x)\Delta x + (u_y + iv_y)\Delta y + o\left(\sqrt{\Delta x^2 + \Delta y^2}\right).$$

ここで，Cauchy-Riemann の関係式 $u_y = -v_x$，$v_y = u_x$ を使えば

$$f(z + \Delta z) - f(z) = (u_x + iv_x)(\Delta x + i\Delta y) + o\left(\sqrt{\Delta x^2 + \Delta y^2}\right)$$
$$= (u_x + iv_x)\Delta z + o(|\Delta z|) \tag{3.12}$$

を得る。したがって，式 (3.12) は

$$\lim_{\Delta z \to 0} \frac{f(z + \Delta z) - f(z)}{\Delta z} = u_x + iv_x \tag{3.13}$$

を表している[†2]。式 (3.13) 左辺は導関数 $f'(z)$ であり，これが存在して右辺となることを表している。すなわち，関数 $f(z)$ は正則である。　　◇

定理 3.5　領域 D で恒等的に導関数 $f'(z) = 0$ ならば，関数 $f(z)$ は D で定数である。

定理 3.5 は，f が実関数ならば，平均値の定理[†3]が使える。すなわち，（下記の脚注を参照して）$f(b) - f(a) = 0$ となるので，$f(b) = f(a)$ であるが，ここで任意の $c \in (a, b)$ をとっても $f(c) = f(a)$ がいえるので，$f(x)$ は $[a, b]$ で定数である。複素関数の定理 3.5 の証明では平均値の定理は使えない。$f(z) = u(x, y) + iv(x, y)$

[†1]　$\lim_{h \to 0} \varepsilon(h)/h = 0$ なる関数 $\varepsilon(h)$ を無限小といい，$\varepsilon(h) = o(h)$ と書く。この記法を用いれば，導関数 $f'(z) = \lim_{\Delta z \to 0} \{f(z + \Delta z) - f(z)\}/\Delta z$ は $f(z + \Delta z) - f(z) = f'(z)\Delta z + o(\Delta z)$ と書ける。

[†2]　式 (3.13) は Cauchy-Riemann の関係式を使えば，左辺 $= u_x - iu_y = v_y + iv_x = v_y - iu_y$ とも書ける。

[†3]　関数 $f(x)$ を $\mathbb{R} \to \mathbb{R}$ のスカラーの実関数とする。このとき，$[a, b]$ で連続かつ開区間 (a, b) で導関数 $f'(x)$ が存在するならば，$f(b) - f(a) = (b - a)f'\{a + \theta(b - a)\}$ となるような定数 θ $(0 < \theta < 1)$ が存在する。

とおくと，恒等的に $f'(z) = 0$ であることから，$u_x = u_y = 0$, $v_x = v_y = 0$ がいえる。これらより，$u = $ 一定, $v = $ 一定となり，$f(z)$ は定数となる。

例題 3.3　関数 $f(z)$ が領域 D で正則かつ D で $|f(z)| = k = $ 一定ならば，D で $f(z) = $ 一定である。

【解説】　$k = 0$ と $k \neq 0$ に分けて考える。
(1)　$k = 0$ の場合：$k = 0$ ならば $f(z) = 0$ となり明らか。
(2)　$k \neq 0$ の場合：仮定により $u^2 + v^2 = k^2$ であるから，微分すると

$$uu_x + vv_x = 0, \qquad uu_y + vv_y = 0 \tag{3.14}$$

を得る。$f(z)$ は正則であるから Cauchy-Riemann の方程式が成り立つので，式 (3.14) は

$$uu_x - vu_y = 0, \qquad uu_y + vu_x = 0 \tag{3.15}$$

となる。式 (3.15) の第 1 式に u を掛けたものと，第 2 式に v を掛けたものを足すと

$$(u^2 + v^2)u_x = 0 \tag{3.16}$$

を得る。また，式 (3.15) の第 1 式に v を掛けたものから第 2 式に u を掛けたものを引くと

$$(u^2 + v^2)u_y = 0 \tag{3.17}$$

を得る。$k \neq 0$ なので式 (3.16), (3.17) より $u_x = u_y = 0$ となり，さらに，Cauchy-Riemann の方程式より $v_x = v_y = 0$ でもある。したがって，$u = $ 一定と $v = $ 一定の両方から，$f = $ 一定を得る。　◇

3.5　Laplace の方程式

定理 3.6　$f(z) = u(x, y) + \mathrm{i}v(x, y)$ が領域 D で正則ならば，u と v は領域 D で方程式

$$\Delta u = 0, \qquad \Delta v = 0 \tag{3.18}$$

を満足し，D で連続な 2 階偏導関数をもつ．

式 (3.18) を **Laplace**[†1] **の方程式**という．ここで，記号 Δ は (u, v は2次元であるので) $\Delta = \partial^2/\partial x^2 + \partial^2/\partial y^2$ を表し，Δ を **Laplacian**（ラプラシアン）[†2] という．Laplace の方程式は，流体，静電気，重力場などで現れて，自然現象において最も重要な方程式の一つである．

定理 3.6 の証明の前につぎの定理を準備する．

定理 3.7（Goursat の定理） 　正則関数の導関数は正則である．

定理 5.8 で証明するが，**Goursat の定理**は複素関数の著しい特徴を物語っている．すなわち，関数 $f(z)$ が領域 D で正則であるとは，D で導関数 $f'(z)$ が存在することである（定義 3.4）が，さらにこのとき導関数 $f'(z)$ 自身が D において正則であることを表している[†3]．

【定理 3.6 の証明】　　定理の条件より Cauchy-Riemann の方程式

$$u_x = v_y, \qquad u_y = -v_x$$

が成り立つ．定理 3.7 より u と v はすべての階の連続な偏導関数をもつので，これらの両辺を x と y でそれぞれ微分すれば，つぎが成り立つ．

$$u_{xx} = v_{yx}, \qquad u_{yy} = -v_{xy}.$$

[†1] Pierre-Simon Laplace（1749～1827 年）：フランスの数学者．物理学や天文学にも大いなる功績を残した．Fourier の熱伝導方程式に関する論文を証明がなされていないという理由で却下したが，Laplace 変換理論にかなりの影響を受けたのではないかと推測される．多大な業績に似合わず，かなり俗的な性格であったといわれているが，この激動のフランス革命時代では恐怖時期をはじめとする革命政府やナポレオンとうまく付き合わないと思うような仕事もできず，生き延びることさえ困難な時代であったことを思うと，人物評は割り引いて考える必要があるのではないか．

[†2] Laplacian Δ は線形微分作用素である．

[†3] これより，複素関数は 1 回微分できれば何回でも微分可能である．実関数ではこのようなことはいえない．例えば簡単な例で

$$f(x) = \begin{cases} 0, & (x < 0) \\ x^2 & (x \geq 0) \end{cases}$$

は $x = 0$ で 1 回は微分可能であるが，2 回はできない．

さらに、v_{xy}, v_{yx} とも連続であるので、微分の順序交換ができて $v_{xy} = v_{yx}$ が成立する。したがって、上2式を足し合わせれば $\Delta u = 0$ を得る。$\Delta v = 0$ も同様にして得ることができるので、これは読者に委ねる（章末問題【10】）。　　◇

Laplace の方程式の解は**調和関数**と呼ばれ、その理論は**ポテンシャル論**といわれる。正則関数の実部と虚部は調和関数である。もし、二つの調和関数 u と v が領域 D で Cauchy-Riemann の方程式を満たすならば、それらは領域 D での正則関数 f の実部と虚部である（v は領域 D での u の**共役調和関数**と呼ばれる）。

例題 3.4　$u = x^2 - y^2 - y$ は全複素平面で調和関数である。u の共役調和関数は $v = 2xy + x + c$（c は定数）である。

【解説】　まず、$u_{xx} = 2$, $u_{yy} = -2$ であるので、Laplace の方程式 $\Delta u = 0$ が成り立ち、したがって、u は調和関数であることがわかる。また、$u_x = 2x = v_y$ より $v = 2xy + g(x)$ となり、この g を具体的に求めればよい。$v_x = -u_y = 2y + 1$ であり、同時に $g_x = 1$ であるから、$g = x + c$ を得て、$v = 2xy + x + c$ を得る。対応する正則関数は

$$f(z) = u + \mathrm{i}v = x^2 - y^2 - y + \mathrm{i}(2xy + x + c) = z^2 + \mathrm{i}(z + c)$$

となる。　　◇

注意 3.4　与えられた調和関数の共役調和関数は、任意の定数を除いて一意に定まる。　　◇

注意 3.5　$f = u + \mathrm{i}v$ において u, v が Laplace の方程式を満たしても、f は正則とは限らない。例えば、例題 3.2 で二つの実数値関数を入れ換えたものを考える。すなわち、$u(x, y) = 2xy$, $v(x, y) = x^2 - y^2$ とする。これらの u, v は Laplace の方程式を満たしているが、Cauchy-Riemann の方程式を満たさないので、関数 $f(z) = 2xy + \mathrm{i}(x^2 - y^2)$ は正則ではない。　　◇

曲線 $u(x, y) =$ 一定は u の（z 面上で）**等ポテンシャル線（等高線）**と呼ばれる。これは**曲線族**を形成する。v についても同様である（v の z 面上での等高線は分野により呼び方が異なるが、流体力学では**流線**（9.2 節参照）という）。二つの曲線族は**直交曲線網**を形成し（7 章参照）、応用において重要な役割を果たす。

3.6　Laplaceの方程式の極座標表現

事実 3.1（Laplace の方程式の極座標表現）　Laplace の方程式の極座標での表現は，つぎのようになる。$u = u(r, \theta)$ として

$$u_{rr} + \frac{1}{r} u_r + \frac{1}{r^2} u_{\theta\theta} = 0. \tag{3.19}$$

式 (3.19) の導出は容易である。Descartes 座標では式 (3.18) で表せるので，u_{xx}, u_{yy} を合成関数の微分のルールに則り計算すればよい。$r^2 = x^2 + y^2$, $\theta = \arctan(y/x)$ であるから，まず，u_x は

$$\begin{aligned} u_x &= u_r r_x + u_\theta \theta_x \\ &= u_r \cos\theta + u_\theta \left(\frac{-\sin\theta}{r} \right) \end{aligned}$$

と求まり，さらに，u_{xx} は

$$\begin{aligned} u_{xx} &= (u_x)_x \\ &= (u_x)_r r_x + (u_x)_\theta \theta_x \\ &= \left\{ u_r \cos\theta + u_\theta \left(\frac{-\sin\theta}{r} \right) \right\}_r \cos\theta \\ &\quad + \left\{ u_r \cos\theta + u_\theta \left(\frac{-\sin\theta}{r} \right) \right\}_\theta \left(\frac{-\sin\theta}{r} \right) \\ &= \left\{ u_{rr} \cos\theta + u_{\theta r} \left(\frac{-\sin\theta}{r} \right) + u_\theta \frac{\sin\theta}{r^2} \right\} \cos\theta \\ &\quad + \left\{ u_{r\theta} \cos\theta - u_r \sin\theta + u_{\theta\theta} \left(\frac{-\sin\theta}{r} \right) + u_\theta \left(\frac{-\cos\theta}{r} \right) \right\} \\ &\quad\quad \times \left(\frac{-\sin\theta}{r} \right) \end{aligned} \tag{3.20}$$

と求まる．同様にして，u_{yy} を求めてこれらを足すと，式 (3.19) を得ることができる（章末問題【12】）．

定理 3.8（極形式の **Cauchy-Riemann** の方程式）　関数 $f(z)$ を極形式 $f(z) = u(r,\theta) + \mathrm{i}v(r,\theta)$ で表すと，Cauchy-Riemann の方程式は

$$u_r = \frac{1}{r}v_\theta, \qquad v_r = -\frac{1}{r}u_\theta \tag{3.21}$$

である．ただし，$z = r(\cos\theta + \mathrm{i}\sin\theta)\ (r>0)$ である．

式 (3.21) の導出は読者に委ねる（章末問題【13】）．

例題 3.5　円柱まわりの一様流を表す複素関数は，極座標表現 $f(z) = u(r,\theta) + \mathrm{i}v(r,\theta)$ で

$$u(r,\theta) = U\left(r + \frac{a^2}{r}\right)\cos\theta, \qquad v(r,\theta) = U\left(r - \frac{a^2}{r}\right)\sin\theta$$

である（U, a は実定数，10.2 節の式 (10.5) 参照）．これより

$$u_r = U\left(1 - \frac{a^2}{r^2}\right)\cos\theta = \frac{1}{r}v_\theta,$$
$$v_r = U\left(1 + \frac{a^2}{r^2}\right)\sin\theta = -\frac{1}{r}u_\theta$$

となり，この f は正則である．

極形式での微分表現はつぎのようになる．まず，Cauchy-Riemann の方程式より

$$u_r = u_x x_r + u_y y_r = u_x x_r - v_x y_r,$$
$$v_r = v_x x_r + v_y y_r = v_x x_r + u_x y_r$$

となり，まとめると

$$\begin{pmatrix} u_r \\ v_r \end{pmatrix} = \begin{pmatrix} x_r & -y_r \\ y_r & x_r \end{pmatrix} \begin{pmatrix} u_x \\ v_x \end{pmatrix} = \begin{pmatrix} \cos\theta & -\sin\theta \\ \sin\theta & \cos\theta \end{pmatrix} \begin{pmatrix} u_x \\ v_x \end{pmatrix}.$$

これより

$$\begin{pmatrix} u_x \\ v_x \end{pmatrix} = \begin{pmatrix} \cos\theta & \sin\theta \\ -\sin\theta & \cos\theta \end{pmatrix} \begin{pmatrix} u_r \\ v_r \end{pmatrix}. \tag{3.22}$$

ところで

$$f'(z) = u_x + \mathrm{i} v_x = \begin{pmatrix} 1 & \mathrm{i} \end{pmatrix} \begin{pmatrix} u_x \\ v_x \end{pmatrix}$$

と書けるので，これに式 (3.22) を代入すれば

$$f'(z) = (\cos\theta - \mathrm{i}\sin\theta)(u_r + \mathrm{i} v_r)$$

を得る．章末問題【9】も参考にせよ．

章 末 問 題

【1】 $f(z) = 1/\bar{z}$ の微分可能性を吟味せよ．

【2】 つぎで与えられる集合を決定して，複素平面上に図示せよ．
　　　(1) $|z + 2 + 5\mathrm{i}| < \dfrac{1}{2}$ 　　(2) $0 < |z| < 1$ 　　(3) $\mathrm{Re}\, z^2 > 1$

【3】 つぎにおける実部 $\mathrm{Re}\, f$ と虚部 $\mathrm{Im}\, f$ の値を求めよ．
　　　(1) $1 - \mathrm{i}$ における $f = z^2 + 2z + 2$ 　　(2) $4\mathrm{i}$ における $f = (z-2)/(z+2)$

【4】 関数 $f(0) = 0$ としたとき，つぎの f は $z = 0$ で連続か調べよ．
　　　(1) $z \neq 0$ に対して $f(z) = (\mathrm{Im}\, z)/|z|$
　　　(2) $z \neq 0$ に対して $f(z) = (\mathrm{Re}\, z)/(1 + |z|)$

【5】 つぎの導関数の値を求めよ．
　　　(1) i における $(z - \mathrm{i})/(z + \mathrm{i})$ 　　(2) $2 + \mathrm{i}$ における $(5 + 3\mathrm{i})/z^2$
　　　(3) $-1 - \mathrm{i}$ における $z^4 + 1/z^4$

章末問題

【6】 つぎの関数の正則性を Cauchy-Riemann の方程式により調べよ。
  (1) $f(z) = \bar{z}$ (2) $f(z) = z^3$ (3) $f(z) = |z|^2$
  (4) $f(z) = e^x(\cos y + \mathrm{i}\sin y)$ (5) $f(z) = \mathrm{Re}\, z^3$
  (6) $f(z) = \mathrm{Re}\, z / \mathrm{Im}\, z$

【7】 $u(x,y) = x^2 - y^2$ を実部とする正則な関数を求めよ。

【8】 関数 $f(z) = x^4 + y^4 - 6x^2y^2 + \mathrm{i}(c_1 x^3 y + c_2 xy^3)$ は正則であるとする。このとき，$c_1, c_2 \in \mathbb{R}$ を求め，$f(z)$ を z で表せ。

【9】 極形式での微分表現は $f'(z) = \{(\cos\theta - \mathrm{i}\sin\theta)/r\}(v_\theta - \mathrm{i}u_\theta)$ とも書けることを示せ（ヒント：$f'(z) = -\mathrm{i}u_y + v_y$ を使う）。

【10】 定理 3.6 の証明のうち，$\Delta v = 0$ を証明せよ。

【11】 つぎは調和関数か調べよ。調和関数ならば対応する正則関数を求めよ。
  (1) $u = x/(x^2 + y^2)$ (2) $u = \log|z|$ (3) $v = e^{-x}\sin y$

【12】 u_{yy} を極座標で表し，式 (3.20) と足し合わせることにより式 (3.19) が導出できることを確認せよ（ヒント：$u_{r\theta}$ と $u_{\theta r}$ は連続性を仮定しているので，微分の順序交換ができ，たがいに等しいことを使う）。

【13】 定理 3.8（式 (3.21)）を導出せよ（ヒント：$u_x = u_r r_x + u_\theta \theta_x$ と $v_y = v_r r_y + v_\theta \theta_y$ が等しいことを使う）。

4章 初等複素関数

4.1 多項式，有理関数

本章では実初等関数から初等複素関数への拡張を行う．初等関数とは，多項式や有理関数，あるいは微積分で慣れ親しんでいる指数関数，三角関数，対数関数などであり，さらにそれらの合成で書くことができる関数を指す．

さて，多項式と有理関数は 3.3 節で紹介したが，改めてここで定義しておく．**多項式**（polynomial）は

$$f(z) \stackrel{\text{def}}{=} c_0 + c_1 z + c_2 z^2 + \cdots + c_n z^n \tag{4.1}$$

で定義される．ただし，c_k は $c_k \in \mathbb{C}$ $(k = 0, 1, 2, \cdots, n)$ であり，n は 0 または自然数とする（$\mathbb{C}$ は複素数全体の集合）．$c_n \neq 0$ のとき，n 次の多項式と呼ぶ．また，**有理関数**（rational function）の定義は

$$f(z) \stackrel{\text{def}}{=} \frac{g(z)}{h(z)} \tag{4.2}$$

である．ここに，$g(z), h(z)$ $(\neq 0)$ は多項式である．

4.2 指数関数

4.2.1 指数関数の定義

以下の節では $z = x + \mathrm{i}y$, $x, y \in \mathbb{R}$ とする（$\mathbb{R}$ は実数全体の集合）．

指数関数[†]（exponential function）をつぎで定義する。

$$e^z \stackrel{\text{def}}{=} e^x(\cos y + \mathrm{i}\sin y) \tag{4.3}$$

ただし，e^x は実数の指数関数である。

4.2.2　指数関数のいくつかの事実

指数関数の定義（式 (4.3)）により，つぎの事実が成り立つ。

事実 4.1
(1) 変数 z が実数 x に等しいとき，e^z は実数の指数関数に一致する。
(2) e^z は**整関数**（entire function）となる。すなわち，全平面 $\mathbb{C}$ 上で正則関数である。
(3) $(e^z)' = e^z$ が成り立つ。
(4) すべての z で $e^z \neq 0$ である。

【証明】　(1) は $y = 0$ とすれば，式 (4.3) の両辺は等しくなる。(2) は Cauchy-Riemann の方程式より容易に証明できる。(3) は式 (3.7) を使えば導くことができる。(4) は式 (4.3) の両辺の絶対値をとれば明らか。　　　　　　　◇

事実 4.1 (1)〜(4) により，複素変数の指数関数は実指数関数の自然な拡張になっていることがわかる。

そのほか，つぎの重要な性質が成り立つ。

事実 4.2　　すべての z_1, z_2 に対して複素数の指数法則

$$e^{z_1 + z_2} = e^{z_1} e^{z_2} \tag{4.4}$$

が成り立つ。

---

† 正確には，複素指数関数であるが，文脈から判断できるので単に指数関数という場合が多い。三角関数，対数関数などその他も同様である。

【証明】 $z_i = x_i + \mathrm{i} y_i$, $i = 1, 2$ とおくと

$$\begin{aligned}
\text{式 (4.4) の右辺} &= e^{x_1}(\cos y_1 + \mathrm{i}\sin y_1)e^{x_2}(\cos y_2 + \mathrm{i}\sin y_2) \\
&= e^{x_1+x_2}(\cos y_1 + \mathrm{i}\sin y_1)(\cos y_2 + \mathrm{i}\sin y_2) \\
&\quad (\because \text{実数の指数法則を適用}) \\
&= e^{x_1+x_2}\bigl(\cos(y_1+y_2) + \mathrm{i}\sin(y_1+y_2)\bigr) \\
&\quad (\because \text{加法定理を適用}) \\
&= \text{式 (4.4) の左辺.} \qquad \diamond
\end{aligned}$$

また，つぎの公式が成り立つ．

事実 4.3

(1) $$e^0 = 1, \qquad e^{(\pi/2)\mathrm{i}} = \mathrm{i}, \qquad e^{\pi \mathrm{i}} = -1, \\ e^{-(\pi/2)\mathrm{i}} = -\mathrm{i}, \qquad e^{2\pi \mathrm{i}} = 1. \tag{4.5}$$

(2) 関数 e^z は周期関数である．その周期†は $2n\pi\mathrm{i}$ ($n = \pm 1, \pm 2, \pm 3, \cdots$) であり，これ以外にはない．基本周期は $2\pi\mathrm{i}$ である．

(3) Euler の公式：$x = 0$ とすると

$$\begin{cases} e^{\mathrm{i}y} = \cos y + \mathrm{i}\sin y, \\ e^{-\mathrm{i}y} = \cos y - \mathrm{i}\sin y \end{cases} \tag{4.6}$$

を得る．これより，複素数 z の極形式は

$$z = r(\cos\theta + \mathrm{i}\sin\theta) = re^{\mathrm{i}\theta} \tag{4.7}$$

と書ける．

---

† $f(z+p) = f(z)$ ($p \neq 0$) がすべての z について成り立つとき，p を $f(z)$ の周期といい，正の最小値 p を基本周期という．単に周期だけで基本周期を指すこともしばしばある．

4.2.3 指数関数の写像

指数関数の写像は，その定義（式 (4.3)）より

$$u = e^x \cos y, \qquad v = e^x \sin y \tag{4.8}$$

であるから，式 (4.8) で x を消去すると

$$\frac{v}{u} = \tan y \tag{4.9}$$

となり，傾きが $\tan y$ の（$e^x \neq 0$ であるので）原点を除いた直線となる。図 **4.1** に w 平面の第 1 象限部分のみを示す（$y = y_0$（一定），$n\pi/2 \leqq y_0 \leqq (n+1)\pi/2$ の直線は $k \in \mathbb{Z}$（$\mathbb{Z}$ はすべての整数の集合）として，$n = 4k$ のとき，w 平面の第 1 象限に写像される。以下，$n = 4k+1$ のときは第 2 象限，$n = 4k+2$ のときは第 3 象限，$n = 4k+3$ のときは第 4 象限に写像される）。z 平面で x を増加させるに従い，右上がりの直線を矢印方向に移動する。なお，図のアミ掛け部分が対応する写像である。

つぎに，式 (4.8) で y を消去すると

$$u^2 + v^2 = e^{2x} \tag{4.10}$$

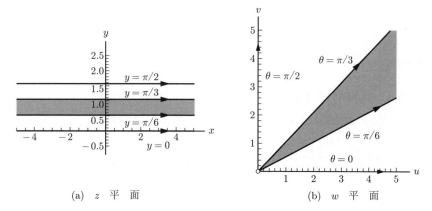

図 4.1 $w = e^z$ の写像 (1)：z 平面（図 (a)）で $y =$ 一定（正）とした写像が図 (b) の原点を除いた半直線になる。特に，直線 $y = 0$ の写像は半直線 $0 < u$, $v = 0$ で，x が 0 から増加するに従って u は ∞ へいく。また，$y = \pi/2$ のときは $u = 0$, $0 < v$ で，x が 0 から増加するに従って v は ∞ へいく。

となり，これは半径 e^x の円の方程式である．**図 4.2** にこの写像を示す．x を正の定数として固定したときの w 平面への写像を示している．$x = x_0$ と固定して y を増加させるに従い，写像された点 z は半径 e^{x_0} の円を矢印方向に移動する．y 方向に 2π の周期性を有しているので，y が 2π 増加すると，同じ円上の位置に戻ることになる．ただし，半径は $e^{x_0} > 0$ であるので原点は含まれない．図 (a) のアミ掛け部分が図 (b) のアミ掛け部分に写像される．

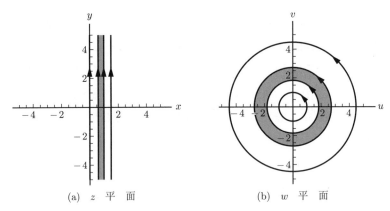

図 4.2 $w = e^z$ の写像 (2)：z 平面（図 (a)）で $x = $ 一定とした写像が図 (b) で円となる．y が 2π の周期で円の上を周回する．

4.3 三 角 関 数

4.3.1 三角関数の定義
複素数 z の余弦関数と正弦関数をそれぞれ

$$\cos z \stackrel{\text{def}}{=} \frac{e^{iz} + e^{-iz}}{2}, \qquad \sin z \stackrel{\text{def}}{=} \frac{e^{iz} - e^{-iz}}{2i} \tag{4.11}$$

で定義する．

4.3.2 三角関数のいくつかの事実
三角関数の定義（式 (4.11)）により，つぎの事実が成り立つ．

事実 4.4

(1) 変数 z が実数 x に等しいとき,$\cos z, \sin z$ は実数の余弦関数 $\cos x$ と正弦関数 $\sin x$ に一致する。

(2) $\cos z, \sin z$ は整関数である。

(3) $(\cos z)' = -\sin z,\ (\sin z)' = \cos z$ が成り立つ。

(4) 周期は 2π である。

(5) 恒等式

$$\cos z = \sin\left(\frac{\pi}{2} - z\right), \tag{4.12}$$

$$\cos^2 z + \sin^2 z = 1 \tag{4.13}$$

などが成り立つ。

(6) 加法定理

$$\cos(z_1 \pm z_2) = \cos z_1 \cos z_2 \mp \sin z_1 \sin z_2, \tag{4.14}$$

$$\sin(z_1 \pm z_2) = \sin z_1 \cos z_2 \pm \cos z_1 \sin z_2 \tag{4.15}$$

が成り立つ。

【証明】 (1) は式 (4.6) より,$y \in \mathbb{R}$ に対して

$$\cos y = \frac{e^{iy} + e^{-iy}}{2}, \quad \sin y = \frac{e^{iy} - e^{-iy}}{2i} \tag{4.16}$$

となることより明らか。(2)〜(6) の証明は読者に委ねる(章末問題【 4 】〜【 6 】)。

また,ほかの三角関数の定義はつぎである。

$$\tan z \stackrel{\text{def}}{=} \frac{\sin z}{\cos z}, \quad \cot z \stackrel{\text{def}}{=} \frac{\cos z}{\sin z}, \quad \sec z \stackrel{\text{def}}{=} \frac{1}{\cos z}, \quad \csc z \stackrel{\text{def}}{=} \frac{1}{\sin z}. \tag{4.17}$$

よって,正接関数と正割関数は $z = (\pi/2) + n\pi\ (n = 0, \pm 1, \pm 2, \cdots)$ を除いて正則であり,また,余接関数と余割関数は $z = n\pi\ (n = 0, \pm 1, \pm 2, \cdots)$ を除いて正則である。これらの導関数も実数の場合と同様に容易に導出できる(章末問題【 8 】)。

4.3.3 三角関数の写像

ここでは，三角関数の写像として $w = \cos z$ を考察する．後ほど 4.4 節で述べるが，式 (4.28) を使えば $w = u + iv$ として

$$u = \cos x \cosh y, \qquad v = -\sin x \sinh y \tag{4.18}$$

を得る．式 (4.18) で x を消去すると

$$\frac{u^2}{\cosh^2 y} + \frac{v^2}{\sinh^2 y} = 1 \tag{4.19}$$

となり，これは楕円の方程式である．すなわち，y をパラメータとする楕円の集合を表している．ただし，$y = 0$ の場合は，式 (4.18) は $u = \cos x$, $v = 0$ となり，z 平面の x 軸は w 平面の $-1 \leq u \leq 1$, $v = 0$ の線分に写像されることになる．図 4.3 にこの写像を示す．y を正の定数として固定したときの w 平面への写像を示している．x を増加させるに従い，2π の周期で楕円の上を矢印方向に周回する．y を負の定数とした場合は，楕円上の矢印は逆方向となる．

つぎに，式 (4.18) で y を消去すると

$$\frac{u^2}{\cos^2 x} - \frac{v^2}{\sin^2 x} = 1 \tag{4.20}$$

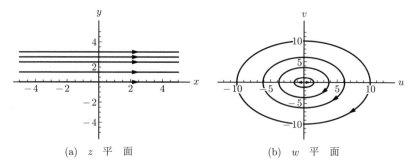

(a) z 平 面　　　　　　　　(b) w 平 面

図 4.3　$w = \cos z$ の写像 (1)：z 平面（図 (a)）で $y =$ 一定（正）とした写像が図 (b) で楕円となる．x が 2π の周期で楕円の上を周回する．特に，$y = 0$ の写像は $-1 \leq u \leq 1$, $v = 0$ で，x が 0 から増加するに従って u は $1 \to 0 \to -1 \to 0 \to 1 \to 0 \cdots$ と 1 と -1 の間を往復する．$y =$ 一定（負）とした写像も同じ楕円であるが，矢印は反対向きになる．

となり，これは双曲線の方程式である．すなわち，x をパラメータとする双曲線の集合を表している．図 4.4 にこの写像を示す．x を正の定数として固定したときの w 平面への写像を示している．式 (4.20) の周期性から $0 \leq x \leq \pi$ の範囲を考えれば十分である．$0 \leq x \leq \pi$ の範囲で x を固定し，y を増加させるに従い，写像された点 z は双曲線を矢印方向に移動する．$-\pi \leq x \leq 0$ では，双曲線の矢印は逆方向となる．その他の x の範囲も同様である．ただし，$x = 0$ の場合は，式 (4.18) は $u = \cosh y$，$v = 0$ となり，z 平面の y 軸は w 平面の $1 \leq u$，$v = 0$ の半直線に写像されることになる．同様に，$x = \pi$ の場合，式 (4.18) は $u = -\cosh y$，$v = 0$ となり，z 平面の $x = \pi$ の直線は，w 平面の $u \leq -1$，$v = 0$ の半直線に写像される．

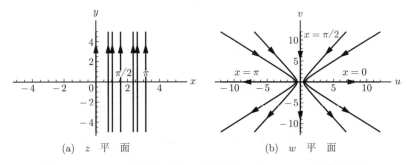

図 4.4 $w = \cos z$ の写像 (2)：z 平面 (図 (a)) で $x =$ 一定 (正) とした写像が図 (b) で双曲線となる．周期性より $0 \leq x \leq \pi$ の範囲を考えれば十分である．

4.4 双曲線関数

4.4.1 双曲線関数の定義

複素数 z の**双曲線関数**（hyperbolic function）を

$$\cosh z \stackrel{\text{def}}{=} \frac{e^z + e^{-z}}{2}, \qquad \sinh z \stackrel{\text{def}}{=} \frac{e^z - e^{-z}}{2} \qquad (4.21)$$

で定義する．式 (4.21) の第 1，2 式をそれぞれ双曲余弦関数，双曲正弦関数という．

この定義により，$z = x$ とすれば実数の双曲余弦関数と双曲正弦関数になり，複素数への自然な拡張であることがわかる．これらはその定義により整関数であることは明らかである．

また，ほかの双曲線関数の定義は

$$\tanh z \stackrel{\text{def}}{=} \frac{\sinh z}{\cosh z}, \qquad \coth z \stackrel{\text{def}}{=} \frac{\cosh z}{\sinh z},$$
$$\operatorname{sech} z \stackrel{\text{def}}{=} \frac{1}{\cosh z}, \qquad \operatorname{csch} z \stackrel{\text{def}}{=} \frac{1}{\sinh z} \tag{4.22}$$

である．

4.4.2　双曲線関数のいくつかの性質

双曲線関数の導関数も実数の場合と同様に

$$(\sinh z)' = \cosh z, \qquad (\cosh z)' = \sinh z \tag{4.23}$$

である．これらの関数の正則性の吟味と導関数の導出は読者に委ねる（章末問題【9】）．

また，複素数での三角関数と双曲線関数の関係はつぎのようになる．式 (4.21) で z を iz に置き換えると

$$\cosh iz = \frac{e^{iz} + e^{-iz}}{2}$$

となり，この右辺は余弦関数の定義（式 (4.11)）であるから

$$\cosh iz = \cos z \tag{4.24}$$

の関係を得る．さらに，式 (4.24) において z を iz に置き換えて，双曲余弦関数が偶関数であることに注意すれば

$$\cosh z = \cos iz \tag{4.25}$$

となる．同様に，

$$\sinh \mathrm{i} z = \mathrm{i} \sin z, \qquad \sinh z = -\mathrm{i} \sin \mathrm{i} z, \qquad (4.26)$$

$$\tanh \mathrm{i} z = \mathrm{i} \tan z, \qquad \tanh z = -\mathrm{i} \tan \mathrm{i} z \qquad (4.27)$$

などの関係を得る。$z = x + \mathrm{i} y$ のとき

$$\cos z = \cos x \cosh y - \mathrm{i} \sin x \sinh y \qquad (4.28)$$

$$\sin z = \sin x \cosh y + \mathrm{i} \cos x \sinh y \qquad (4.29)$$

$$\tan z = \frac{\cos x \sin x + \mathrm{i} \cosh y \sinh y}{\cos^2 x + \sinh^2 y} = \frac{\sin 2x + \mathrm{i} \sinh 2y}{\cos 2x + \cosh 2y} \qquad (4.30)$$

$$\cosh z = \cosh x \cos y + \mathrm{i} \sinh x \sin y \qquad (4.31)$$

$$\sinh z = \sinh x \cos y + \mathrm{i} \cosh x \sin y \qquad (4.32)$$

$$\tanh z = \frac{\cosh x \sinh x + \mathrm{i} \cos y \sin y}{\cosh^2 x - \sin^2 y} = \frac{\sinh 2x + \mathrm{i} \sin 2y}{\cosh 2x + \cos 2y} \qquad (4.33)$$

という関係式を得る。

4.5 対 数 関 数

4.5.1 対数関数の定義

$z \in \mathbb{C}$, $z \neq 0$ に対して $e^w = z$ のとき,

$$w = \log z \qquad (4.34)$$

と書いて $\log z$ を z の**対数関数**（logarithmic function）という[†]。

ここで, $z = r e^{\mathrm{i}\theta}$ とおくと, $e^w = z$ は

$$e^u e^{\mathrm{i} v} = r e^{\mathrm{i}\theta} \qquad (4.35)$$

となり, これより

[†] 対数関数（式 (4.34)）は指数関数 $z = e^w$ の逆関数であるが, この関数は通常の意味での関数ではない。すなわち, 関数とは変数 z の値にただ一つの関数値が決まるような対応 $z \mapsto f(z)$ であるが, 後に述べるように, 対数関数は変数一つに対して無限個の関数値が対応する。

4. 初等複素関数

$$e^u = r, \qquad v = \theta + 2n\pi \qquad (n = 0, \pm 1, \pm 2, \cdots) \tag{4.36}$$

を得る。式 (4.36) の第 1 式は，$r > 0$ に対して実数の意味での対数をとり

$$u = \log r \tag{4.37}$$

となり，u は一意に決まる。これに対して v は無数に存在して

$$w = \log r + \mathrm{i}(\theta + 2n\pi) \qquad (n = 0, \pm 1, \pm 2, \cdots) \tag{4.38}$$

と書ける。すなわち，w は（無限）**多価関数** (multivalued function) になる。$\log z$ の写像を図 4.5 に示す。図 (a) は z 平面を表し，図 (b) は w 平面を表している。z 平面上で点 z を円 $|z| = r$ に沿って回転させる（破線）と，その像は w 平面では $u = \log r$ の直線（破線）上を動くが，z 平面で時計方向に 1 周するごとに，w 平面では虚軸方向に 2π だけ移動する。また，z 平面での直線 $\arg z = \theta$ 上で点 z を原点から ∞ まで動かす（実線）と，その像は w 平面で直線 $v = \theta + 2n\pi$ $(n = 0, \pm 1, \pm 2, \cdots)$ 上を $-\infty$ から ∞ まで動くことになる（実線）。

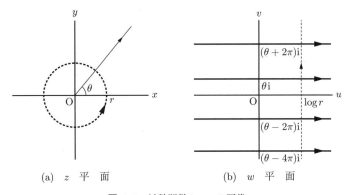

図 4.5 対数関数 $\log z$ の写像

4.5 対数関数

また，図 **4.6** は多価の虚部 Im（$\log z$）を枝（branch）[†1]がわかるように描いたもので，点 z が原点をまわると，虚部はらせん状の面を上下する。図のメッシュの細かな部分が主値に相当する。

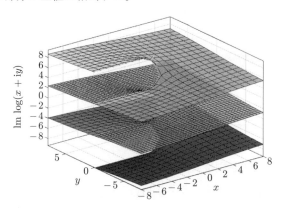

図 **4.6** 対数関数 $\log z = \log(x+\mathrm{i}y)$ の虚部を 3 次元で描いたもの。点 z が原点を回ると虚部はらせん状の面を上下する。上下にこのようならせん状の形状が無限に続く。

式 (4.38) は

$$w = \log|z| + \mathrm{i}\,\arg z \tag{4.39}$$

とも書ける。$\arg z$ の意味は z の**偏角**（argument）である。ここで，$-\pi \leqq \arg z < \pi$ とおくことにより，多価関数は 1 価関数にすることができる。このような制限[†2]をつけた偏角を $\mathrm{Arg}\,z$ と書く。$\mathrm{Arg}\,z$ に対応する対数関数を $\mathrm{Log}\,z$ と書き，$\log z$ の**主値**（principal value）という[†3]。

[†1] 例えば，2 価関数 $w = f(z)$ において，一つの z に対して二つの異なる関数値 w_1，w_2 が存在するが，この w_1，w_2 を枝という。対数関数の場合は，式 (4.38) において n の一つ一つに対応する w_n が枝である。なお，一般には，多価関数は **Riemann 面**（Riemann surface）を考える必要がある。Riemann 面とは，枝の数だけ z 平面を用意し，1 枚 1 枚の z 平面上の点はそれぞれ相異なる枝に写像されるものとした複数ごとの z 平面をつなぎ合わせた平面のこと。

[†2] 著者により，$-\pi < \arg z \leqq \pi$，あるいは，$0 \leqq \arg z < 2\pi$ とすることもあり自由度がある。

[†3] 対数関数は $\log z$ を $\ln z$，$\mathrm{Log}\,z$ を $\mathrm{Ln}\,z$ などと書いたりし，統一に欠けるきらいがある。

例題 4.1　$-\pi \leq \operatorname{Arg} z < \pi$ と選べば

(1)　$\log 1 = 0, \pm 2\pi i, \pm 4\pi i, \cdots$ であるが，$\operatorname{Log} 1 = 0$

(2)　$\log(-1) = \pm \pi i, \pm 3\pi i, \pm 5\pi i, \cdots$ であるが，$\operatorname{Log}(-1) = -\pi i$

(3)　$\log i = \cdots, -(3\pi/2)i, (\pi/2)i, (5\pi/2)i, \cdots$ であるが，$\operatorname{Log} i = (\pi/2)i$

(4)　$\log(-i) = \cdots, -(5\pi/2)i, -(\pi/2)i, (3\pi/2)i, \cdots$ であるが，$\operatorname{Log}(-i) = -(\pi/2)i$

4.5.2　対数関数の正則性

$\log z$ の正則性について吟味する。$\log z = \log r + i(\theta + 2n\pi)$ であるから，$u(r,\theta) = \log r$, $v(r,\theta) = \theta + 2n\pi$ になり，極形式の Cauchy-Riemann の方程式 (3.21) を適用すれば，ただちに $\log z$ は正則であることがわかる。また，その導関数は $(\log z)' = u_x(x,y) + i v_x(x,y)$ であるが，$u_x(x,y) = u_r(r,\theta) r_x + u_\theta(r,\theta) \theta_x$, $v_x(x,y) = v_r(r,\theta) r_x + v_\theta(r,\theta) \theta_x$ を使い，容易に

$$(\log z)' = \frac{1}{z} \tag{4.40}$$

を得る（章末問題【15】）。すなわち，多価関数である対数関数の導関数は 1 価関数になることがわかる。

4.5.3　対数法則

対数関数に対数法則を適用するときには注意を要する。$x_1 \, (\neq 0)$, $x_2 \, (\neq 0)$ を実数とすれば

$$\log x_1 x_2 = \log x_1 + \log x_2, \qquad \log \frac{x_1}{x_2} = \log x_1 - \log x_2 \tag{4.41}$$

が成り立つ。$z_1 \, (\neq 0)$, $z_2 \, (\neq 0) \in \mathbb{C}$ としても†

---

†　$\mathbb{C}$ は複素数全体の集合を表す記号。

4.5 対 数 関 数

$$\log z_1 z_2 = \log z_1 + \log z_2, \qquad \log \frac{z_1}{z_2} = \log z_1 - \log z_2 \tag{4.42}$$

が成り立つ．ただし，式 (4.42) 左辺の値が右辺に存在するという意味での等号と解釈する．例えば，$z_k = r_k e^{i\theta_k}$，$k = 1, 2$ とすると，式 (4.42) 第 1 式左辺は

$$\log z_1 z_2 = \log r_1 + \log r_2 + i(\theta_1 + \theta_2 + 2n\pi)$$
$$(n = 0, \pm 1, \pm 2, \cdots) \tag{4.43}$$

となり，また，右辺は

$$\log z_1 + \log z_2 = \log r_1 + \log r_2 + i(\theta_1 + \theta_2 + 2l\pi + 2m\pi)$$
$$(l, m = 0, \pm 1, \pm 2, \cdots) \tag{4.44}$$

となるので，式 (4.43) のとる値は式 (4.44) の中に必ず存在する．

注意 4.1 式 (4.42) は主値をとると必ずしも成り立たない．すなわち

$$\mathrm{Log}\, z_1 z_2 \neq \mathrm{Log}\, z_1 + \mathrm{Log}\, z_2. \tag{4.45}$$

例えば，$z_1 = z_2 = -1$ の場合は

$$\log z_1 z_2 = \log 1 = 0 - 2\pi i \qquad (n = -1)$$

と選ぶと

$$\log z_1 + \log z_2 = (0 - \pi i) + (0 - \pi i) = -2\pi i \qquad (n = 0)$$

となり，式 (4.42) が成り立つ．しかし，主値をとると

$$\mathrm{Log}\, z_1 z_2 = \mathrm{Log}\, 1 = 0$$

であり，片や

$$\mathrm{Log}\, z_1 + \mathrm{Log}\, z_2 = (0 - \pi i) + (0 - \pi i) = -2\pi i$$

となる． ◇

4.6 べき関数

$z \in \mathbb{C}$, $z \neq 0$, $\alpha \in \mathbb{C}$ とし,べき関数 z^α として

$$z^\alpha \stackrel{\text{def}}{=} e^{\alpha \log z} \tag{4.46}$$

で定義する。$\log z$ は式 (4.38) にあるように無限多価であるので, z^α も (α が実の無理数か真の複素数であれば) 無限多価関数となる。また,

$$z^\alpha = e^{\alpha \,\mathrm{Log}\, z} \tag{4.47}$$

を z^α の主値という。

α が特別な値の場合,すなわち,(1) $\alpha = m$, $m \in \mathbb{Z}$ と (2) $\alpha = 1/m$, $m = 2, 3, 4, \cdots$ の場合を考察すると,つぎのようになる。

(1) $\alpha = m$ とすると

$$z^\alpha = e^{m \log z} = (e^{\log z})^m = z^m \tag{4.48}$$

となり,これは z の m 乗であり,1価関数となる。

(2) $\alpha = 1/m$, $m = 2, 3, 4, \cdots$ とすると,定義(式 (4.46))より

$$z^{1/m} = e^{(1/m) \log z} \tag{4.49}$$

であるから,これを両辺 m 乗すると

$$\left(z^{1/m}\right)^m = \left(e^{(1/m) \log z}\right)^m = e^{\log z} = z \tag{4.50}$$

となり,これは $z^{1/m}$ は z の m 乗根であることを表している。ただし,$0^{1/m} \stackrel{\text{def}}{=} 0$ とする。$z = re^{i\theta}$, $r > 0$ と書くと

$$z^{1/m} = e^{(1/m) \log r + i(\theta/m) + i(2n\pi/m)} = r^{1/m} e^{i(\theta/m)} e^{i(2n\pi/m)}$$

$$(n = 0, 1, 2, \cdots, m-1) \tag{4.51}$$

となり,$z^{1/m}$ は m 価となることがわかる。

4.6 べき関数

例題 4.2 べき $1^{1/2}$ は 2 価である。

【解説】 $1^{1/2} = 1^{1/2} e^{(0/2)i} e^{(2n\pi/2)i}$ であるが，$n = 0, 1$ であるので，

$$1^{1/2} = 1, -1 \tag{4.52}$$

の 2 価となる。 ◇

例題 4.3 べき $i^{1/3}$ は 3 価である。

【解説】 $i^{1/3} = 1^{1/3} e^{(\pi/6)i} e^{(2n\pi/3)i}$ であるが，$n = 0, 1, 2$ であるので，

$$i^{1/3} = e^{(\pi/6)i},\ e^{(5\pi/6)i},\ -i \tag{4.53}$$

の 3 価となる。 ◇

例題 4.4 べき i^i は無限多価である。

【解説】

$$i^i = e^{i \log i} = e^{i((\pi/2)i + 2n\pi i)} = e^{-(\pi/2) - 2n\pi}$$
$$(n = 0, \pm 1, \pm 2, \cdots) \tag{4.54}$$

となる無限多価である。 ◇

例題 4.5 べき $(1+i)^{-1+i}$ は無限多価である。

【解説】

$$(1+i)^{-1+i} = e^{(-1+i)\left(\log\sqrt{2} + (\pi/4)i + 2n\pi i\right)}$$
$$= e^{-\log\sqrt{2}} e^{-((1+8n)/4)\pi} e^{\left(\log\sqrt{2} - ((1+8n)/4)\pi\right)i}$$
$$= 2^{-(1/2)} e^{-((1+8n)/4)\pi} e^{\left(\log\sqrt{2} - ((1+8n)/4)\pi\right)i}$$
$$(n = 0, \pm 1, \pm 2, \cdots) \tag{4.55}$$

となる無限多価である。 ◇

章 末 問 題

【1】 すべての複素数 z について $|e^z| = e^{\operatorname{Re} z}$ であることを示せ。
【2】 式 (4.5) を証明せよ。
【3】 指数関数の周期が $2n\pi i$ $(n = \pm 1, \pm 2, \pm 3, \cdots)$ 以外にはないことを証明せよ。
【4】 複素三角関数が正則であることと，それらの導関数が実関数の公式と一致することを証明せよ。
【5】 恒等式 (4.12), (4.13) を証明せよ（ヒント：定義に従い計算せよ）。
【6】 加法定理（式 (4.14), (4.15)）を証明せよ。
【7】 つぎの値を求めよ。
　　(1)　$\cos(1+i)$　　(2)　$\cos(\pi+i)$　　(3)　$\sin(1+i)$　　(4)　$\sin\left(\frac{\pi}{2}+i\right)$
【8】 式 (4.17) の導関数を導出せよ（ヒント：$(e^z)' = e^z$ および定義式を使う）。
【9】 式 (4.23) を確かめよ。また，式 (4.22) の正則性を吟味し，その導関数を導出せよ。
【10】 式 (4.26), (4.27) を導出せよ。
【11】 式 (4.28)〜(4.33) を導出せよ。
【12】 つぎの値を求めよ。
　　(1)　$\cosh\left(1+\frac{\pi}{2}i\right)$　　(2)　$\cosh(\pi+i)$　　(3)　$\sinh\left(1+\frac{\pi}{2}i\right)$
　　(4)　$\sinh\left(\frac{\pi}{2}+i\right)$
【13】 $|\cos z|^2$, $|\sin z|^2$ を求めよ（ヒント：$|\cos z|^2 = \cos z \cdot \overline{\cos z}$ を使う）。
【14】 $\overline{\sin z} = \sin \overline{z}$ および $\overline{\cos z} = \cos \overline{z}$ を証明せよ。
【15】 式 (4.40) を計算せよ。
【16】 つぎの z の値に対して $\log z$ と $\operatorname{Log} z$ を求めよ。ただし，主値は $-\pi \leq \operatorname{Arg} z < \pi$ とする。
　　(1)　-1　　(2)　$3+4i$　　(3)　$1 \pm i$　　(4)　$-10+5i$
【17】 つぎの値を求めよ。
　　(1)　$i^{1/2}$　　(2)　$(1+i)^{(1-i)}$　　(3)　$(3-4i)^{1/3}$　　(4)　$(-i)^{-i}$
【18】 式 (4.9), (4.10) の表す曲線は直交することを確かめよ（正則関数によって定義される写像は等角である（詳しくは 7 章参照））。同様に，式 (4.19) と式 (4.20) の表す曲線は直交することを確かめよ。

5章 複素積分

5.1 実変数複素数値関数の微分と積分

実数全体の集合 $\mathbb{R}$ の区間 $[a,b]$ $(a,b \in \mathbb{R},\ a<b)$ で定義された実変数 t の実数値関数 $u(t),\ v(t)$ に対し，$h(t) = u(t) + \mathrm{i}v(t)$ とおく．このとき，複素数値関数 $h(t)$ の微分および定積分をそれぞれ

$$h'(t) \stackrel{\text{def}}{=} u'(t) + \mathrm{i}v'(t), \tag{5.1}$$

$$\int_a^b h(t)\,\mathrm{d}t \stackrel{\text{def}}{=} \int_a^b u(t)\,\mathrm{d}t + \mathrm{i}\int_a^b v(t)\,\mathrm{d}t \tag{5.2}$$

と定める．

定理 5.1 つぎの (1)〜(3) が成り立つ．

(1) $\displaystyle\int_a^b (h_1(t) + h_2(t))\,\mathrm{d}t = \int_a^b h_1(t)\,\mathrm{d}t + \int_a^b h_2(t)\,\mathrm{d}t$

(2) $\displaystyle\int_a^b \alpha h(t)\,\mathrm{d}t = \alpha \int_a^b h(t)\,\mathrm{d}t$ （α は複素定数）

(3) $\displaystyle\left|\int_a^b h(t)\,\mathrm{d}t\right| \leq \int_a^b |h(t)|\,\mathrm{d}t$

【証明】 (1), (2) は定義から容易に確かめられる．(3) について $\int_a^b h(t)\,\mathrm{d}t = 0$ のときは明らかだから，$\int_a^b h(t)\,\mathrm{d}t \neq 0$ とする．$\theta = \arg \int_a^b h(t)\,\mathrm{d}t$ とおくと

$\int_a^b h(t)\,\mathrm{d}t = \left|\int_a^b h(t)\,\mathrm{d}t\right| e^{\mathrm{i}\theta}$ である．このとき (2) より

$$\left|\int_a^b h(t)\,\mathrm{d}t\right| = e^{-\mathrm{i}\theta}\int_a^b h(t)\,\mathrm{d}t = \int_a^b e^{-\mathrm{i}\theta} h(t)\,\mathrm{d}t$$
$$= \int_a^b \mathrm{Re}\left(e^{-\mathrm{i}\theta} h(t)\right)\mathrm{d}t + \mathrm{i}\int_a^b \mathrm{Im}\left(e^{-\mathrm{i}\theta} h(t)\right)\mathrm{d}t$$

であるが，$\left|\int_a^b h(t)\,\mathrm{d}t\right|$ は実数だから $\int_a^b \mathrm{Im}(e^{-\mathrm{i}\theta}h(t))\,\mathrm{d}t = 0$ である．よって，$\mathrm{Re}\left(e^{-\mathrm{i}\theta}h(t)\right) \leq |e^{-\mathrm{i}\theta}h(t)|$ であることに注意すると

$$\left|\int_a^b h(t)\,\mathrm{d}t\right| = \int_a^b \mathrm{Re}\left(e^{-\mathrm{i}\theta} h(t)\right)\mathrm{d}t \leq \int_a^b \left|e^{-\mathrm{i}\theta}h(t)\right|\mathrm{d}t = \int_a^b |h(t)|\,\mathrm{d}t$$

となって，(3) が成り立つ． ◇

5.2 複素平面上の曲線

区間 $[a,b]$（$a,b \in \mathbb{R}$，$a < b$）で定義された実変数 t の実数値連続関数 $x(t)$，$y(t)$ に対し，$z = z(t) = x(t) + \mathrm{i}y(t)$ とおく．t が a から b まで変化するとき，z 平面上で点 z は点 $z(a)$ から点 $z(b)$ まで連続的に変化する．このときの像

$$\{z \mid z = z(t), \quad a \leq t \leq b\}$$

を z 平面上の**曲線** (curve) といい，C で表す．また，C を表す方程式 $z = z(t) = x(t) + \mathrm{i}y(t)$（$a \leq t \leq b$）を曲線 C の媒介変数表示（パラメータ表示）といい，t を媒介変数（パラメータ）という．以後，特に断らない限り，t が a から b に増加するときの $z(t)$ の動く向きを C の向きとして定める．$z(a)$ を始点，$z(b)$ を終点という．

始点と終点が一致する（すなわち，$z(a) = z(b)$ を満たす）曲線を**閉曲線** (closed curve) という．特に，始点と終点が一致するほかは自分自身と交わらない閉曲線を**単純閉曲線**（simple closed curve）という（図 **5.1**）．言い換えれば

$$a \leq t_1 < t_2 \leq b, \quad z(t_1) = z(t_2) \Longrightarrow t_1 = a,\ t_2 = b$$

5.2 複素平面上の曲線

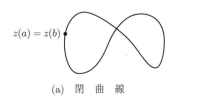
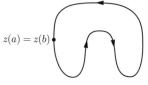

(a) 閉曲線　　　　(b) 正の向きの単純閉曲線

図 **5.1**　閉曲線と単純閉曲線

を満たす曲線のことである．単純閉曲線においては，内部を左に見て進む向きを正の向きという†．以後，特に断らない限り，単純閉曲線の向きは正の向きをとることとする．二つの曲線 $C_1 : z = z_1(t)$ $(a \leq t \leq b)$, $C_2 : z = z_2(t)$ $(c \leq t \leq d)$ において C_1 の終点と C_2 の始点が一致するとき $(z_1(b) = z_2(c))$, C_1 と C_2 をつないで得られる曲線を C_1 と C_2 の和といい，$C_1 + C_2$ で表す．また，曲線 $C : z = z(t)$ $(a \leq t \leq b)$ において，曲線の形そのものは C と同じであるが，向きを逆にした曲線（$z(b)$ を始点，$z(a)$ を終点とする曲線）を $-C$ で表す（**図 5.2**）．曲線 $C : z(t) = x(t) + \mathrm{i}y(t)$ $(a \leq t \leq b)$ において，$x(t)$, $y(t)$ が連続な導関数をもち，さらに $z'(t) \neq 0$ が成り立つとき，C をなめらかな曲線という．また，有限個のなめらかな曲線の和で表される曲線を区分的になめらかな曲線という．以後，特に断らない限り，曲線は区分的になめらかなものとする．

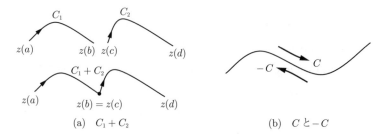

(a)　$C_1 + C_2$　　　　(b)　C と $-C$

図 **5.2**　曲線の和と向き

---

† 連続な単純閉曲線は平面を二つの領域に分ける（Jordan の曲線定理）．有界なほうを内部，有界でないほうを外部という．Jordan の曲線定理の証明はかなり難しい．

例題 5.1　$\alpha \in \mathbb{C}$, $\rho \in \mathbb{R}$, $\rho > 0$ とする（$\mathbb{C}$ は複素数全体の集合）。α を中心とする半径 ρ の円 $|z - \alpha| = \rho$ は，正の向きとして

$$C : z = \alpha + \rho e^{i\theta} \qquad (0 \leq \theta \leq 2\pi)$$

とパラメータ表示される。

例題 5.2　$z_1, z_2 \in \mathbb{C}$, $z_1 \neq z_2$ とするとき，z_1 を始点とし，z_2 を終点とする線分 C は

$$C : z = (1-t)z_1 + tz_2 \qquad (0 \leq t \leq 1)$$

とパラメータ表示される（図 **5.3**）。

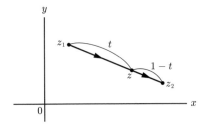

図 **5.3**　線分 C のパラメータ表示：$z = (1-t)z_1 + tz_2 \quad (0 \leq t \leq 1)$

$C : z = z(t) \ (a \leq t \leq b)$ を曲線，$t = \varphi(s) \ (c \leq s \leq d)$ を連続微分可能な関数で $\varphi(c) = a$, $\varphi(d) = b$, $\varphi'(s) > 0$ を満たすとする。このとき，$z = z(\varphi(s))$ $(c \leq s \leq d)$ を曲線 C のパラメータ変更という（パラメータは異なるが，曲線としては同一のものを表す）。

5.3　複素積分

$C : z = z(t) \ (a \leq t \leq b)$ を区分的になめらかな曲線，$f(z)$ を C を含む領域で連続な複素関数とする。このとき，関数 $f(z)$ の曲線 C に沿った線積分

$\int_C f(z)\,dz$ を

$$\int_C f(z)\,dz \stackrel{\text{def}}{=} \int_a^b f(z(t))z'(t)\,dt \tag{5.3}$$

により定める。この定義が曲線 C のパラメータ変更に依存しないことはつぎのようにしてわかる。C のパラメータ表示を $z = z(t)$ $(a \leq t \leq b)$ とし，$t = \varphi(s)$ $(c \leq s \leq d)$ を連続微分可能な関数で $\varphi(c) = a$, $\varphi(d) = b$, $\varphi'(s) > 0$ を満たすものとする。$w(s) = z(\varphi(s))$ とおくと，置換積分法より

$$\int_a^b f(z(t))z'(t)\,dt = \int_c^d f(z(\varphi(s)))z'(\varphi(s))\varphi'(s)\,ds$$

であるが，この右辺は $\int_c^d f(w(s))w'(s)\,ds$ に等しい。

定理 5.2 線積分はつぎの性質をもつ。

(1) $\displaystyle\int_C (f(z) + g(z))\,dz = \int_C f(z)\,dz + \int_C g(z)\,dz$

(2) $\displaystyle\int_C \alpha f(z)\,dz = \alpha \int_C f(z)\,dz$ （α は複素定数）

(3) $\displaystyle\int_{C_1 + C_2} f(z)\,dz = \int_{C_1} f(z)\,dz + \int_{C_2} f(z)\,dz$

(4) $\displaystyle\int_{-C} f(z)\,dz = -\int_C f(z)\,dz$

【証明】 (4) のみ示す。C のパラメータ表示を $z = z(t)$ $(a \leq t \leq b)$ とすると，$-C$ は $z = z(-t)$ $(-b \leq t \leq -a)$ とパラメータ表示されるから

$$\int_{-C} f(z)\,dz = \int_{-b}^{-a} f(z(-t))(-z'(-t))\,dt$$

となる。ここで $s = -t$ とおいて置換積分法を用いると，右辺は

$$\int_b^a f(z(s))(-z'(s))\frac{dt}{ds}\,ds = \int_b^a f(z(s))z'(s)\,ds = -\int_C f(z)\,dz$$

に等しい。

例題 5.3 曲線 C がつぎのように与えられたときの線積分 $\int_C \overline{z}\,dz$ を求めよ．

(1) C：始点 i と終点 1 を結ぶ線分
(2) C：始点 i と終点 0 を結ぶ線分と始点 0 と終点 1 を結ぶ線分からなる折れ線（図 5.4）

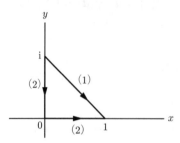

図 5.4 例題 5.3 の曲線 C

【解説】 (1) 例題 5.2 より，$C: z(t) = t + (1-t)\mathrm{i}\ (0 \leqq t \leqq 1)$ とパラメータ表示できるから

$$\int_C \overline{z}\,dz = \int_0^1 \overline{z(t)} z'(t)\,dt = \int_0^1 \{t - (1-t)\mathrm{i}\}(1-\mathrm{i})\,dt$$

$$= (1-\mathrm{i})\left[\frac{t^2}{2} - \mathrm{i}t + \frac{t^2}{2}\mathrm{i}\right]_0^1 = -\mathrm{i}$$

(2) 始点 i と終点 0 を結ぶ線分を C_1，始点 0 と終点 1 を結ぶ線分を C_2 とおくと $C = C_1 + C_2$ である．$C_1: z(t) = (1-t)\mathrm{i}\ (0 \leqq t \leqq 1)$，$C_2: z(t) = t\ (0 \leqq t \leqq 1)$ とパラメータ表示すると

$$\int_{C_1} \overline{z}\,dz = \int_0^1 \{-(1-t)\mathrm{i}\}(-\mathrm{i})\,dt = -\frac{1}{2},$$

$$\int_{C_2} \overline{z}\,dz = \int_0^1 t\,dt = \frac{1}{2}$$

である．よって

$$\int_C \overline{z}\,dz = \int_{C_1} \overline{z}\,dz + \int_{C_2} \overline{z}\,dz = 0$$

となる． ◇

この例題からわかるように，始点と終点が同じでも途中の経路が異なれば，一般には積分の値は異なる。

例題 5.4　n を整数とするとき，正の向きをもつ円 $C : |z - \alpha| = \rho$ について

$$\int_C \frac{1}{(z-\alpha)^n} \, dz = \begin{cases} 2\pi i, & (n = 1 \text{ のとき}) \\ 0. & (n \neq 1 \text{ のとき}) \end{cases}$$

【解説】　C は $z = \alpha + \rho e^{it}$ $(0 \leq t \leq 2\pi)$ と表せる。$z'(t) = i\rho e^{it}$ だから

$$\int_C \frac{1}{(z-\alpha)^n} \, dz = \int_0^{2\pi} \frac{1}{(\rho e^{it})^n} i\rho e^{it} \, dt$$

$$= \frac{i}{\rho^{n-1}} \int_0^{2\pi} e^{i(1-n)t} \, dt = \begin{cases} 2\pi i, & (n = 1 \text{ のとき}) \\ 0. & (n \neq 1 \text{ のとき}) \end{cases} \quad \diamondsuit$$

注意 5.1　例題 5.4 の線積分の値は，円の半径 ρ に無関係であることに注意しよう。　$\diamondsuit$

5.4　Cauchyの定理

これまでと同様，C は区分的になめらかな曲線，$f(z)$ は連続な複素関数とする。$f(z) = u(x,y) + iv(x,y)$ $(z = x+iy)$，$C : z(t) = x(t) + iy(t)$ $(a \leq t \leq b)$ と表すと，線積分 $\int_C f(z) \, dz$ は

$$\int_C f(z) \, dz = \int_a^b f(z(t)) z'(t) \, dt$$
$$= \int_a^b u(x(t), y(t)) x'(t) \, dt - \int_a^b v(x(t), y(t)) y'(t) \, dt$$
$$+ i \left(\int_a^b u(x(t), y(t)) y'(t) \, dt + \int_a^b v(x(t), y(t)) x'(t) \, dt \right)$$

と書ける。ここで $\int_C u \, dx = \int_a^b u(x(t), y(t)) x'(t) \, dt$ などとおけば

$$\int_C f(z)\,\mathrm{d}z = \int_C (u\,\mathrm{d}x - v\,\mathrm{d}y) + \mathrm{i}\int_C (u\,\mathrm{d}y + v\,\mathrm{d}x) \tag{5.4}$$

となる。

複素関数 $f(z)$ が点 z_0 のある近傍で微分可能なとき，$f(z)$ は点 z_0 で正則であるという。また，$\mathbb{C}$ の部分集合 S のすべての点で $f(z)$ が正則なとき，$f(z)$ は集合 S において正則であるという。この定義は S が領域のときの定義（定義 3.4）と両立する。つぎの **Cauchy の定理**は関数論において基本的なものである。

定理 5.3（**Cauchy の定理**）　C を正の向きをもつ単純閉曲線とする。C の内部および C において関数 $f(z)$ が正則ならば

$$\int_C f(z)\,\mathrm{d}z = 0 \tag{5.5}$$

が成り立つ。

Cauchy の定理 5.3 を証明するために，まず，つぎの **Green の定理**を述べる。

定理 5.4（**Green の定理**）　C を x–y 平面上の正の向きをもつ単純閉曲線とし，D を C の内部とする。また，2 変数関数 $P(x,y)$, $Q(x,y)$ は，C と D を含む領域で連続な偏導関数をもつものとする。このとき

$$\int_C (P\,\mathrm{d}x + Q\,\mathrm{d}y) = \iint_D \left(\frac{\partial Q}{\partial x} - \frac{\partial P}{\partial y}\right)\,\mathrm{d}x\mathrm{d}y$$

が成り立つ。

Green の定理の証明は，例えば，参考文献[9][†]などを参照されたい。

【**定理 5.3 の証明**】　ここでは，導関数 $f'(z)$ が連続であると仮定した場合の証明を与えよう。この場合 Green の定理が使えるから，式 (5.4) と合わせて

[†] 肩付き数字は，巻末の引用・参考文献を表す。

5.4 Cauchyの定理

$$\int_C f(z)\,\mathrm{d}z = \iint_D (-v_x - u_y)\,\mathrm{d}x\mathrm{d}y + \mathrm{i}\iint_D (u_x - v_y)\,\mathrm{d}x\mathrm{d}y$$

となる。$f(z)$ の正則性から Cauchy-Riemann の関係式が成り立つことにより、右辺は 0 に等しい。　◇

注意 5.2　定理 5.3 の導関数の連続性を仮定しない証明は、例えば、参考文献[11]などを参照のこと。　◇

例題 5.5　C を正の向きをもつ円 $|z|=1$ とするとき、つぎの線積分の値を求めよ。

(1) $\displaystyle\int_C e^z\,\mathrm{d}z$　　(2) $\displaystyle\int_C \frac{1}{z+2\mathrm{i}}\,\mathrm{d}z$

【解説】　(1)　関数 $f(z) = e^z$ は z 平面全体で正則だから、もちろん円 C の内部と C において正則である。よって、Cauchy の定理より $\int_C e^z\,\mathrm{d}z = 0$ である。

(2)　関数 $f(z) = 1/(z+2\mathrm{i})$ は平面から点 $-2\mathrm{i}$ を除いた領域で正則だから、円 C の内部と C においても正則である。よって、Cauchy の定理より $\int_C 1/(z+2\mathrm{i})\,\mathrm{d}z = 0$ である。　◇

定理 5.5　正の向きをもつ二つの単純閉曲線 C と C_0 について、曲線 C の内部に C_0 があるとする。D を C と C_0 で囲まれた領域とおく。関数 $f(z)$ が C, C_0 および D において正則ならば

$$\int_C f(z)\,\mathrm{d}z = \int_{C_0} f(z)\,\mathrm{d}z \tag{5.6}$$

が成り立つ。

【証明】　図 5.5 のように C と C_0 を二つの線分 PQ, RS で結び、領域 D を 2 分割するように二つの単純閉曲線 PQRSTP, SRQPUS をつくる。このとき、線分 PQ に沿う二つの線積分と、線分 RS に沿う二つの線積分はそれぞれ打ち消し合うから（定理 5.2 (4)）

$$\int_{\mathrm{PQRSTP}} f(z)\,\mathrm{d}z + \int_{\mathrm{SRQPUS}} f(z)\,\mathrm{d}z = \int_C f(z)\,\mathrm{d}z - \int_{C_0} f(z)\,\mathrm{d}z \tag{5.7}$$

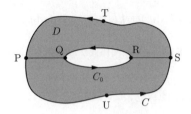

図 5.5　定理 5.5 の説明図

が成り立つ．一方，$f(z)$ は単純閉曲線 PQRSTP, SRQPUS およびそれらの内部で正則だから，Cauchy の定理より式 (5.7) の左辺各項は 0，したがって，左辺 $= 0$ となり，式 (5.6) が従う． ◇

定理 5.5 はつぎのように拡張できる．

定理 5.6　正の向きをもつ単純閉曲線 $C, C_1, C_2, \cdots, C_k$ について，$C_1, \cdots, C_k$ は C の内部にあり，$C_1, \cdots, C_k$ のどの二つもたがいに交わらないとする（図 5.6 参照）．また，$C, C_1, \cdots, C_k$ で囲まれた領域を D とする．関数 $f(z)$ が $C, C_1, \cdots, C_k$ および D において正則ならば

$$\int_C f(z)\,dz = \int_{C_1} f(z)\,dz + \int_{C_2} f(z)\,dz + \cdots + \int_{C_k} f(z)\,dz \quad (5.8)$$

が成り立つ．

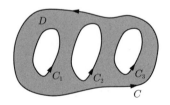

図 5.6　定理 5.6 の説明図：$k = 3$ の場合

定理 5.7（**Cauchy の積分公式**）　$f(z)$ を正の向きをもつ単純閉曲線 C の内部および C において正則な関数とする．α が C の内部の任意の点のとき

$$f(\alpha) = \frac{1}{2\pi i} \int_C \frac{f(z)}{z-\alpha} dz \tag{5.9}$$

が成り立つ。

【証明】 図 **5.7** に示すように半径 $\rho > 0$ を十分小さくとることにより，曲線 C の内部に正の向きをもつ点 α を中心とする半径 ρ の円をとることができる。この円を C_0 とおく。関数 $f(z)/(z-\alpha)$ は点 α を除いて正則だから，C と C_0 の上で連続である。曲線 C, C_0 と関数 $f(z)/(z-\alpha)$ に定理 5.5 を当てはめると

$$\int_C \frac{f(z)}{z-\alpha} dz = \int_{C_0} \frac{f(z)}{z-\alpha} dz \tag{5.10}$$

が成り立つ。$C_0 : z = \alpha + \rho e^{i\theta}$ $(0 \leq \theta \leq 2\pi)$ と表示すると，$dz/d\theta = i\rho e^{i\theta}$ より

$$\int_{C_0} \frac{f(z)}{z-\alpha} dz = i \int_0^{2\pi} f(\alpha + \rho e^{i\theta}) d\theta \tag{5.11}$$

となる。ここで $f(z)$ の連続性より $f(\alpha + \rho e^{i\theta}) \to f(\alpha)$ $(\rho \to 0)$ が成り立つから，式 (5.11) の右辺は $\rho \to 0$ のとき $2\pi i f(\alpha)$ に収束する[†]。一方，式 (5.10) の左辺は ρ に無関係だから，結局

$$\int_C \frac{f(z)}{z-\alpha} dz = 2\pi i f(\alpha) \tag{5.12}$$

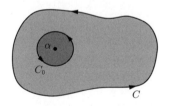

図 **5.7** 定理 5.7 の証明の説明図

[†] このことの厳密な証明はつぎのように与えられる。$\varepsilon > 0$ を任意に固定する。$f(z)$ は連続だから，$\delta > 0$ を十分小さくとれば，$0 < \rho < \delta$ を満たす ρ に対し，$|f(\alpha + \rho e^{i\theta}) - f(\alpha)| < \varepsilon$ とできる。よって $0 < \rho < \delta$ のとき

$$\left| i \int_0^{2\pi} f(\alpha + \rho e^{i\theta}) d\theta - i \int_0^{2\pi} f(\alpha) d\theta \right| \leq \int_0^{2\pi} \left| f(\alpha + \rho e^{i\theta}) - f(\alpha) \right| d\theta < 2\pi \varepsilon$$

となる。したがって，

$$\lim_{\rho \to 0} i \int_0^{2\pi} f(\alpha + \rho e^{i\theta}) d\theta = i \int_0^{2\pi} f(\alpha) d\theta = 2\pi i f(\alpha).$$

が成り立ち，式 (5.9) が従う． ◇

定理 5.7 は，曲線 C の内部の点における関数の値が C 上の点における値 $f(z)$ ($z \in C$) によって定まることを表している．

例題 5.6 正の向きをもつ円 $|z - \mathrm{i}| = 1$ を C とおくとき，線積分

$$\int_C \frac{z^3}{z^2 + 1} \mathrm{d}z$$

の値を求めよ．

【解説】 $z^3/(z^2 + 1) = z^3/(z + \mathrm{i})(z - \mathrm{i})$ である．関数 $f(z) = z^3/(z + \mathrm{i})$ とおくと，$f(z)$ は C と C の内部で正則であるから，式 (5.12) で $\alpha = \mathrm{i}$ として

$$\int_C \frac{z^3}{z^2 + 1} \mathrm{d}z = \int_C \frac{f(z)}{z - \mathrm{i}} \mathrm{d}z = 2\pi \mathrm{i} f(\mathrm{i}) = -\pi \mathrm{i}$$

となる． ◇

定理 5.8 正の向きをもった単純閉曲線 C と C の内部において，関数 $f(z)$ は正則であるとする．α が C の内部の任意の点のとき，$f(z)$ は点 α において何回でも微分可能で

$$f^{(n)}(\alpha) = \frac{n!}{2\pi \mathrm{i}} \int_C \frac{f(z)}{(z - \alpha)^{n+1}} \mathrm{d}z \qquad (n = 1, 2, 3, \cdots) \qquad (5.13)$$

が成り立つ．

注意 5.3 $f^{(0)}(\alpha) = f(\alpha)$，$0! = 1$ とおくと，$n = 0$ の場合の式 (5.13) は Cauchy の積分公式 (5.9) である．よって式 (5.13) は $n = 0, 1, 2, \cdots$ で成り立つ． ◇

【定理 5.8 の証明】 関数 $f(z)/(z - \alpha)^{n+1}$ は曲線 C 上で連続であることを注意しておく．C の内部の点 β を点 α の近くにとる．定理 5.7 より

$$f(\alpha) = \frac{1}{2\pi \mathrm{i}} \int_C \frac{f(z)}{z - \alpha} \mathrm{d}z, \qquad f(\beta) = \frac{1}{2\pi \mathrm{i}} \int_C \frac{f(z)}{z - \beta} \mathrm{d}z$$

だから

$$f(\beta) - f(\alpha) = \frac{1}{2\pi i} \int_C \left(\frac{f(z)}{z-\beta} - \frac{f(z)}{z-\alpha} \right) dz$$
$$= \frac{\beta - \alpha}{2\pi i} \int_C \frac{f(z)}{(z-\beta)(z-\alpha)} dz$$

となる．よって，
$$\lim_{\beta \to \alpha} \frac{f(\beta) - f(\alpha)}{\beta - \alpha} = \lim_{\beta \to \alpha} \frac{1}{2\pi i} \int_C \frac{f(z)}{(z-\beta)(z-\alpha)} dz$$
$$= \frac{1}{2\pi i} \int_C \frac{f(z)}{(z-\alpha)^2} dz. \tag{5.14}$$

すなわち，
$$f'(\alpha) = \frac{1}{2\pi i} \int_C \frac{f(z)}{(z-\alpha)^2} dz$$

となり，$n=1$ のときが示せた．一般の場合は，数学的帰納法を用いて同様の計算により証明できる．詳細は省略する． ◇

注意 5.4 式 (5.14) の 2 番目の等号はつぎのように示せる．曲線 C のパラメータ表示を $C : z = z(t)$ $(a \leqq t \leqq b)$ とする．C の内部に α を中心とする半径 $\rho > 0$ の円をとり，C_0 とおいて固定する．β を C_0 の内部の点とする．t の関数 $|f(z(t))|$, $|z'(t)|$ の $a \leqq t \leqq b$ における最大値をそれぞれ M, N とおく．また，C と C_0 の最短距離を d とおく．このとき $a \leqq t \leqq b$ に対し

$$|f(z(t))| \leqq M, \quad |z'(t)| \leqq N, \quad |z(t) - \alpha| > d, \quad |z(t) - \beta| > d$$

が成り立つから

$$\left| \int_C \frac{f(z)}{(z-\beta)(z-\alpha)} dz - \int_C \frac{f(z)}{(z-\alpha)^2} dz \right| = \left| \int_C \frac{(\beta-\alpha)f(z)}{(z-\beta)(z-\alpha)^2} dz \right|$$
$$\leqq \int_a^b \frac{|\beta-\alpha| \, |f(z(t))|}{|z(t)-\beta| \, |z(t)-\alpha|^2} |z'(t)| \, dt$$
$$\leqq |\beta-\alpha| \int_a^b \frac{MN}{d \cdot d^2} dt = \frac{MN(b-a)}{d^3} |\beta-\alpha| \to 0. \quad (\beta \to \alpha)$$

したがって
$$\lim_{\beta \to \alpha} \int_C \frac{f(z)}{(z-\beta)(z-\alpha)} dz = \int_C \frac{f(z)}{(z-\alpha)^2} dz$$

が得られる． ◇

注意 5.5 定理 5.8 からただちに定理 3.7（Goursat の定理）が得られる．実際，$f(z)$ を領域 D で正則な関数とする．α を領域 D の任意の点とするとき，曲線 C と

して α を中心とする十分小さな半径の円をとれば，定理 5.8 $(n=2)$ が適用でき，$f'(z)$ は点 α で微分可能となる．α は任意だから，$f'(z)$ は D において正則であることがわかる．したがってまた，領域 D において正則な関数 $f(z)$ のすべての導関数が存在して，それらは正則であることもわかる． ◇

例題 5.7 4 点 $-2\mathrm{i},\ 4-2\mathrm{i},\ 4+2\mathrm{i},\ 2\mathrm{i}$ を頂点とする正方形の周を C とおくとき（向きは正の向き），線積分

$$\int_C \frac{1}{(z+1)(z-1)^3}\,\mathrm{d}z$$

の値を求めよ．

【解説】 関数 $f(z)=1/(z+1)$ は周 C と C の内部で正則である．よって，式 (5.13) で $\alpha=1,\ n=2$ とおくと，$f''(z)=2/(z+1)^3$ だから

$$\int_C \frac{1}{(z+1)(z-1)^3}\,\mathrm{d}z = \int_C \frac{f(z)}{(z-1)^3}\,\mathrm{d}z = \frac{2\pi\mathrm{i}}{2!}f''(1) = \frac{\pi\mathrm{i}}{4} \quad (5.15)$$

となる． ◇

Goursat の定理から Cauchy の定理の逆を証明できる．

定理 5.9（Morera の定理） 関数 $f(z)$ は領域 D で連続であるとする．もし D に含まれる任意の単純閉曲線 C に対して

$$\int_C f(z)\,\mathrm{d}z = 0 \quad (5.16)$$

が成り立つならば，$f(z)$ は D で正則である．

【証明】 α, z を領域 D の 2 点とし，α を固定する．D は領域だから α と z を D 内の折れ線で結ぶことができる．このとき α を始点，z を終点とする折れ線に沿う $f(z)$ の線積分は折れ線の選び方によらない（図 **5.8**(a) 参照）．実際，$C_1,\ C_2$ をそれぞれ α を始点，z を終点とする二つの折れ線とすると，$C_2+(-C_1)$ は閉曲線だから，Cauchy の定理より

$$\int_{C_2} f(\zeta)\,\mathrm{d}\zeta - \int_{C_1} f(\zeta)\,\mathrm{d}\zeta = \int_{C_2+(-C_1)} f(\zeta)\,\mathrm{d}\zeta = 0. \quad (5.17)$$

5.4 Cauchy の定理

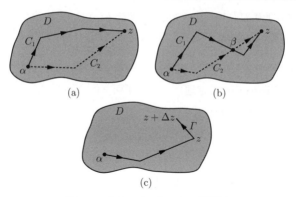

図 5.8 式 (5.18), (5.19) の説明図

よって

$$\int_{C_2} f(\zeta)\,d\zeta = \int_{C_1} f(\zeta)\,d\zeta \tag{5.18}$$

となる（図 (b) のような場合は，点 α から点 β までと，点 β から点 z までに分けて考えればよい）。したがって，線積分は始点 α と終点 z より定まるから，この線積分を $\int_{\alpha}^{z} f(\zeta)\,d\zeta$ と表し，さらに $F(z) = \int_{\alpha}^{z} f(\zeta)\,d\zeta$ とおく。この $F(z)$ は正則関数であることを示そう。Δz を $z + \Delta z$ が十分 z に近くなるようにとり，z を始点，$z + \Delta z$ を終点とする線分を Γ とおけば（図 (c) 参照）

$$\int_{\alpha}^{z+\Delta z} f(\zeta)\,d\zeta = \int_{\alpha}^{z} f(\zeta)\,d\zeta + \int_{\Gamma} f(\zeta)\,d\zeta. \tag{5.19}$$

すなわち

$$F(z+\Delta z) = F(z) + \int_{\Gamma} f(\zeta)\,d\zeta \tag{5.20}$$

である。Γ は $\zeta = z + t\Delta z \ (0 \leqq t \leqq 1)$ と表示できるから

$$F(z+\Delta z) - F(z) = \int_{\Gamma} f(\zeta)\,d\zeta = \int_{0}^{1} f(z+t\Delta z)\Delta z\,dt. \tag{5.21}$$

よって

$$\frac{F(z+\Delta z) - F(z)}{\Delta z} = \int_{0}^{1} f(z+t\Delta z)\,dt \to \int_{0}^{1} f(z)\,dt = f(z) \quad (\Delta z \to 0) \tag{5.22}$$

となる†.これより $F'(z) = f(z)$ となり,関数 $F(z)$ は D で正則であることがわかる.したがって,Goursat の定理より,その導関数 $f(z)$ も D で正則である.◇

定理 5.10（Liouville の定理） 複素平面全体で正則な関数 $f(z)$ が有界,すなわち,正の定数 M があって

$$|f(z)| \leq M \quad (z \in \mathbb{C})$$

が成り立つならば,$f(z)$ は定数関数である.

【証明】 $z \in \mathbb{C}$ を任意に一つ固定する.z を中心とする半径 $\rho > 0$ の円を C とおくと（向きは正の向き),定理 5.8 の $n=1$ の場合より

$$f'(z) = \frac{1}{2\pi i} \int_C \frac{f(\zeta)}{(\zeta - z)^2} d\zeta \tag{5.23}$$

が成り立つ.$C : \zeta = z + \rho e^{i\theta}$ $(0 \leq \theta \leq 2\pi)$ と表示すれば,式 (5.23) の右辺は

$$\frac{1}{2\pi i} \int_0^{2\pi} \frac{f(z + \rho e^{i\theta})}{\rho^2 e^{2i\theta}} i\rho e^{i\theta} d\theta = \frac{1}{2\pi} \int_0^{2\pi} \frac{f(z + \rho e^{i\theta})}{\rho e^{i\theta}} d\theta$$

に等しい.よって

$$|f'(z)| \leq \frac{1}{2\pi} \int_0^{2\pi} \left| \frac{f(z + \rho e^{i\theta})}{\rho e^{i\theta}} \right| d\theta$$

$$\leq \frac{1}{2\pi} \int_0^{2\pi} \frac{M}{\rho} d\theta = \frac{M}{\rho} \to 0 \quad (\rho \to \infty)$$

となり,$f'(z) = 0$ が得られる.$z \in \mathbb{C}$ は任意だから,定理 3.5 より $f(z)$ は定数関数となる. ◇

Liouville の定理を用いて代数学の基本定理を証明しよう.

定理 5.11（代数学の基本定理） n 次代数方程式

$$a_n z^n + a_{n-1} z^{n-1} + \cdots + a_1 z + a_0 = 0$$

$$(a_n, a_{n-1}, \cdots, a_1, a_0 \in \mathbb{C}, \ a_n \neq 0, \ n \geq 1) \tag{5.24}$$

---

† 極限操作が可能なことは,定理 5.7 の証明の脚注と同様に示せる.

は必ず複素数解をもつ。

【証明】 $f(z) = a_n z^n + a_{n-1} z^{n-1} + \cdots + a_1 z + a_0$ とおく。三角不等式を繰り返し用いると

$$|f(z)| = |a_n||z|^n \left| 1 + \frac{1}{a_n}\left(\frac{a_{n-1}}{z} + \cdots + \frac{a_0}{z^n}\right)\right|$$

$$\geq |a_n||z|^n \left| 1 - \frac{1}{|a_n|}\left(\left|\frac{a_{n-1}}{z}\right| + \cdots + \left|\frac{a_0}{z^n}\right|\right)\right|$$

$$\to +\infty \qquad (|z| \to \infty) \tag{5.25}$$

となるので，$\lim_{|z|\to\infty} |f(z)| = +\infty$ である。よって十分大きい $R > 0$ をとれば

$$|f(z)| \geq 1 \qquad (|z| \geq R) \tag{5.26}$$

とできる。

さて，ここで，方程式 $f(z) = 0$ が複素数解をもたないと仮定すると，関数 $g(z) = 1/f(z)$ は全平面で正則な関数であり，式 (5.26) より

$$|g(z)| \leq 1 \qquad (|z| \geq R) \tag{5.27}$$

が成り立つ。一方，実数値関数 $|g(z)|$ は閉円板 $|z| \leq R$ で連続だから，そこで最大値をとる[†]。最大値を M_0 として $M = \max\{M_0, 1\}$ とおくと，すべての $z \in \mathbb{C}$ に対して $|g(z)| \leq M$ となり，$g(z)$ は有界となる。よって，Liouville の定理より $g(z)$，したがって $f(z)$ は定数となるが，$f(z)$ は多項式関数で定数ではないから，これは矛盾である。したがって，方程式 $f(z) = 0$ は複素数解をもつ。　　　◇

最後に，複素積分を実積分の計算に応用してみよう。

例題 5.8 $\gamma \in \mathbb{R}$ のとき，つぎが成り立つ。

$$\int_{-\infty}^{\infty} e^{-x^2 - 2\pi i \gamma x}\,\mathrm{d}x = \int_{-\infty}^{\infty} e^{-x^2}\cos 2\pi\gamma x\,\mathrm{d}x = \sqrt{\pi}e^{-\pi^2\gamma^2}.$$

[†] 微分積分学によれば，x–y 平面上の有界閉集合 K の上で連続な実数値関数 $h(x,y)$ は，K において最大値と最小値をとる（最大値最小値定理）。ここでは，閉円板 $x^2 + y^2 \leq R^2$ 上で $h(x,y) = |g(z)| = |g(x+yi)|$ に最大値最小値定理を当てはめればよい。

【解説】 $\gamma = 0$ のときはよく知られた Gauss 積分

$$\int_{-\infty}^{\infty} e^{-x^2} \, \mathrm{d}x = \sqrt{\pi}$$

である。証明は省略する（微分積分学の教科書を参照せよ）。$\gamma \neq 0$ のとき，Euler の公式より

$$\int_{-\infty}^{\infty} e^{-x^2 - 2\pi \mathrm{i} \gamma x} \, \mathrm{d}x = \int_{-\infty}^{\infty} e^{-x^2} \cos 2\pi \gamma x \, \mathrm{d}x - \mathrm{i} \int_{-\infty}^{\infty} e^{-x^2} \sin 2\pi \gamma x \, \mathrm{d}x$$

であるが，e^{-x^2} と $\cos 2\pi \gamma x$ は偶関数，$\sin 2\pi \gamma x$ は奇関数だから，右辺第 2 項は 0 に等しく，$\gamma > 0$ の場合を示せば十分である。

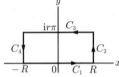

図 5.9　例題 5.8 の説明図

$R > 0$ として，図 5.9 のような正の向きをもつ長方形の周を $C_R = C_1 + C_2 + C_3 + C_4$ とおき，関数 $f(z) = e^{-z^2}$ の C_R に沿う線積分 $\int_{C_R} e^{-z^2} \, \mathrm{d}z$ を考察してみよう。$f(z)$ は平面全体で正則だから，Cauchy の定理より $\int_{C_R} e^{-z^2} \, \mathrm{d}z = 0$，すなわち，

$$\int_{C_1} e^{-z^2} \, \mathrm{d}z + \int_{C_2} e^{-z^2} \, \mathrm{d}z + \int_{C_3} e^{-z^2} \, \mathrm{d}z + \int_{C_4} e^{-z^2} \, \mathrm{d}z = 0 \quad (5.28)$$

である。ここで左辺第 1 項は $C_1 : z = x \ (-R \leq x \leq R)$ より

$$\int_{C_1} e^{-z^2} \, \mathrm{d}z = \int_{-R}^{R} e^{-x^2} \, \mathrm{d}x \to \int_{-\infty}^{\infty} e^{-x^2} \, \mathrm{d}x = \sqrt{\pi} \quad (R \to \infty)$$

である。第 2 項について，$C_2 : z = R + \mathrm{i}y \ (0 \leq y \leq \gamma \pi)$ と表示すると

$$\int_{C_2} e^{-z^2} \, \mathrm{d}z = \int_{0}^{\gamma \pi} e^{-(R+\mathrm{i}y)^2} \mathrm{i} \, \mathrm{d}y = \int_{0}^{\gamma \pi} e^{-R^2 - 2R\mathrm{i}y + y^2} \mathrm{i} \, \mathrm{d}y$$

より

$$\left| \int_{C_2} e^{-z^2} \, \mathrm{d}z \right| \leq \int_{0}^{\gamma \pi} \left| e^{-R^2 - 2R\mathrm{i}y + y^2} \mathrm{i} \right| \, \mathrm{d}y$$

$$= e^{-R^2} \int_{0}^{\gamma \pi} e^{y^2} \, \mathrm{d}y \to 0 \quad (R \to \infty)$$

となるから，$\lim_{R \to \infty} \int_{C_2} e^{-z^2} \, \mathrm{d}z = 0$ を得る。同様にして $\lim_{R \to \infty} \int_{C_4} e^{-z^2} \, \mathrm{d}z = 0$ もわかる。最後に $-C_3 : z = x + \mathrm{i}\pi \gamma \ (-R \leq x \leq R)$ より

$$\int_{C_3} e^{-z^2} \, \mathrm{d}z = -\int_{-C_3} e^{-z^2} \, \mathrm{d}z = -\int_{-R}^{R} e^{-(x + \mathrm{i}\pi \gamma)^2} \, \mathrm{d}x$$

$$= -e^{\pi^2\gamma^2}\int_{-R}^{R} e^{-x^2 - 2\pi i\gamma x}\,dx$$

が得られる．よって，式 (5.28) で $R \to \infty$ とすれば

$$\sqrt{\pi} - e^{\pi^2\gamma^2}\int_{-\infty}^{\infty} e^{-x^2 - 2\pi i\gamma x}\,dx = 0.$$

すなわち，

$$\int_{-\infty}^{\infty} e^{-x^2 - 2\pi i\gamma x}\,dx = \sqrt{\pi}\,e^{-\pi^2\gamma^2}$$

が成り立つ． ◇

注意 5.6 $\int_{-\infty}^{\infty}|f(x)|\,dx < \infty$ を満たす $\mathbb{R}$ 上の関数 $f(x)$ に対し，$\mathbb{R}$ 上の関数

$$\hat{f}(\gamma) = \int_{-\infty}^{\infty} f(x) e^{-2\pi i\gamma x}\,dx$$

を $f(x)$ の Fourier 変換という．例題 5.8 より $f(x) = e^{-x^2}$ の Fourier 変換 $\hat{f}(\gamma)$ は

$$\hat{f}(\gamma) = \sqrt{\pi}\,e^{-\pi^2\gamma^2} \qquad (\gamma \in \mathbb{R})$$

である． ◇

章　末　問　題

【1】 つぎの式を確かめよ．

(1) $\left(e^{it}\right)' = ie^{it}$　　(2) $\int_a^b e^{it}\,dt = i\left(e^{ia} - e^{ib}\right)$

【2】 曲線 C に沿うつぎの線積分の値を求めよ．

(1) $\displaystyle\int_C \overline{z}\,dz$ 　　 (C：円 $|z-1|=2$, 正の向き)

(2) $\displaystyle\int_C \operatorname{Im} z\,dz$ 　　 (C は点 1 から点 $2+i$ に至る線分)

(3) $\displaystyle\int_C |z|^2\,dz$ 　　 (C は 3 点 0, 2, i をこの順に結んで得られる折れ線)

(4) $\displaystyle\int_C \left(z + \frac{1}{z}\right)dz$
　　(C：円の上半分 $|z|=2$, $\operatorname{Im} z \geqq 0$, 向きは 2 から -2 に向かう向き)

【3】 つぎの線積分の値を求めよ。曲線 C の向きは正の向きとする。

(1) $\displaystyle\int_C \sin z\, dz$ $\quad$ (C : 円 $|z - 3i| = 2$)

(2) $\displaystyle\int_C \frac{z^2}{z - 3}\, dz$ $\quad$ (C は 3 点 0, 1, i を頂点とする三角形の周)

(3) $\displaystyle\int_C \frac{e^{\pi z}}{z + i}\, dz$ $\quad$ (C : 円 $|z - 1| = 6$)

(4) $\displaystyle\int_C \frac{z^3 + 1}{z^2 - 4}\, dz$ $\quad$ (C : 円 $|z - 2| = 1$)

(5) $\displaystyle\int_C \frac{1}{z^2 + 9}\, dz$ $\quad$ (C : 円 $|z + 2i| = 2$)

(6) $\displaystyle\int_C \frac{e^z - 1}{z}\, dz$ $\quad$ (C : 4 点 1, i, -1, $-i$ を頂点とする四角形の周)

(7) $\displaystyle\int_C \frac{e^z}{z^2 - z}\, dz$ $\quad$ (C : 円 $|z - 1| = 3$)

(8) $\displaystyle\int_C \frac{e^{2z}}{(z - 2)^4}\, dz$ $\quad$ (C : 円 $|z - 1| = 3$)

(9) $\displaystyle\int_C \frac{z^4}{(z + i)^3}\, dz$ $\quad$ (C : 円 $|z| = 2$)

(10) $\displaystyle\int_C \frac{\overline{z}}{z - 3}\, dz$ $\quad$ (C : 円 $|z| = 1$)

(11) $\displaystyle\int_C \frac{(\operatorname{Re} z)^2}{z - 2}\, dz$ $\quad$ (C : 円 $|z - 2| = 1$)

(12) $\displaystyle\int_C \frac{1}{(2z - 1)^2(z + 2)}\, dz$ $\quad$ (C : 円 $|z + 2| = 1$)

(13) $\displaystyle\int_C \frac{1}{(2z - 1)^2(z + 2)}\, dz$ $\quad$ (C : 円 $|z| = 1$)

6章 関数の展開

6.1 数列と級数

複素数を項とする数列 $\{z_n\}_{n=0}^{\infty}$ を**複素数列** (complex sequence) という。複素数列 $\{z_n\}_{n=0}^{\infty}$ が複素数 z に**収束** (convergence) する（あるいは極限値 z をもつ）とは

$$\lim_{n \to \infty} |z_n - z| = 0 \tag{6.1}$$

が成り立つときにいう。厳密な定義をするとつぎのようになる（**図 6.1** に概念図を示す）。任意の $\varepsilon > 0$ に対して番号 n_0 が定まり（n_0 は ε ごとに異なってよい），不等式

$$|z_n - z| < \varepsilon \quad (n \geqq n_0) \tag{6.2}$$

が成り立つとき，z_n は z に収束するという。このとき，

$$\lim_{n \to \infty} z_n = z \quad \text{または} \quad z_n \to z \quad (n \to \infty) \tag{6.3}$$

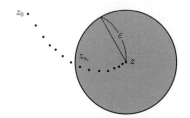

図 **6.1** 式 (6.2) の説明図

6. 関数の展開

と表す。数列が収束しないときは**発散** (divergence) するという。

定義からつぎのことがわかる。$z_n = x_n + \mathrm{i} y_n$, $z = x + \mathrm{i} y$ のとき

$$\lim_{n \to \infty} z_n = z \iff \lim_{n \to \infty} x_n = x, \quad \lim_{n \to \infty} y_n = y. \tag{6.4}$$

例題 6.1　　$\alpha \in \mathbb{C}$, $|\alpha| < 1$ ならば $\displaystyle\lim_{n \to \infty} \alpha^n = 0$. ($\mathbb{C}$ は複素数全体の集合)

複素数列 $\{z_n\}_{n=0}^{\infty}$ に対し，各項を $+$ で結んで得られる式

$$\sum_{n=0}^{\infty} = z_0 + z_1 + z_2 + \cdots + z_n + \cdots \tag{6.5}$$

を**級数** (series) という。級数（式 (6.5)）に対し，$S_k = z_0 + z_1 + z_2 + \cdots + z_k$ ($k \geqq 0$) を第 k 部分和という。**部分和** (partial sum) を項とする数列 $\{S_k\}_{k=0}^{\infty}$ が複素数 S に収束するとき，級数（式 (6.5)）は S に収束するといい

$$\sum_{n=0}^{\infty} z_n = S \quad \text{または} \quad z_0 + z_1 + z_2 + \cdots + z_n + \cdots = S \tag{6.6}$$

と表す。S を級数の和という。すなわち，級数の和とは部分和の極限のことである。数列 $\{S_k\}_{k=0}^{\infty}$ が発散するときは，級数は発散するという。

例題 6.2　　$z \in \mathbb{C}$, $|z| < 1$ のとき，つぎが成り立つ。

$$\sum_{n=0}^{\infty} z^n = \frac{1}{1-z}. \tag{6.7}$$

【解説】　例題 6.1 より $z^k \to 0$ $(k \to \infty)$ だから

$$S_k = 1 + z + \cdots + z^k = \frac{1 - z^{k+1}}{1 - z} \to \frac{1}{1-z} \quad (k \to \infty)$$

となる。　　　　　　　　　　　　　　　　　　　　　　　　　　　　　　◇

6.1 数列と級数

定理 6.1 級数 $\sum_{n=0}^{\infty} z_n$ が収束するならば, $z_n \to 0 \ (n \to \infty)$ となる.

【証明】 $\sum_{n=0}^{\infty} z_n = S, \ \sum_{n=0}^{k} z_n = S_k$ とおくと

$$z_k = S_k - S_{k-1} \to S - S = 0 \quad (k \to \infty) \tag{6.8}$$

となり, 定理が従う. ◇

級数 $\sum_{n=0}^{\infty} z_n$ が収束するとき, 最初の有限項を取り除いてできる級数 $R_k = \sum_{n=k+1}^{\infty} z_n$ も収束する. R_k を剰余という. 剰余について, つぎのことが成り立つ.

定理 6.2 級数 $\sum_{n=0}^{\infty} z_n$ が収束するならば, $R_k \to 0 \ (k \to \infty)$ となる.

【証明】 $\sum_{n=0}^{\infty} z_n = S$ とする. 部分和を $S_k = \sum_{n=0}^{k} z_n$ とおくと $R_k = S - S_k$ である. よって $\lim_{k \to \infty} R_k = \lim_{k \to \infty} (S - S_k) = S - S = 0$ となる. ◇

級数 $\sum_{n=0}^{\infty} z_n$ について, 項に絶対値をつけた級数 $\sum_{n=0}^{\infty} |z_n|$ が収束するとき, 級数 $\sum_{n=0}^{\infty} z_n$ は**絶対収束** (absolute convergence) するという. 絶対収束級数についてはつぎの二つの定理が知られている. 証明は実数の場合と同じであるので省略する.

定理 6.3 絶対収束する級数は収束する.

定理 6.4 級数 $\sum_{n=0}^{\infty} z_n$ に対し, つぎの (1), (2) を満たす正の数の列 $\{M_n\}_{n=0}^{\infty}$ が存在するならば, $\sum_{n=0}^{\infty} z_n$ は絶対収束する.

(1) $|z_n| \leqq M_n \quad (n \geqq 0)$

(2) $\sum_{n=0}^{\infty} M_n$ は収束する.

6.2 べき級数

つぎのような級数をべき級数という.

$$\sum_{n=0}^{\infty} a_n(z-\alpha)^n = a_0 + a_1(z-\alpha) + a_2(z-\alpha)^2 + \cdots \\ + a_n(z-\alpha)^n + \cdots. \quad (6.9)$$

ここで $a_n \in \mathbb{C}$ $(n \geq 0)$, $\alpha \in \mathbb{C}$ である. α をべき級数の中心, a_n $(n \geq 0)$ をべき級数の係数という. べき級数 (式 (6.9)) が収束するような z について, 和を

$$f(z) = \sum_{n=0}^{\infty} a_n(z-\alpha)^n \quad (6.10)$$

とおくと, $f(z)$ は z の複素関数となる. この関数 $f(z)$ をべき級数 (式 (6.9)) の定める関数という. 本節の目標は, べき級数の定める関数が正則関数であることを示すことである (定理 6.8). 最初に読むときは定理の主張を認めて, 証明は読み飛ばしてもよい.

べき級数 (式 (6.9)) において $z - \alpha$ を改めて z とおけば, 式 (6.9) は

$$\sum_{n=1}^{\infty} a_n z^n \quad (6.11)$$

の形になる. 以下の定理の証明では, 簡単のため式 (6.11) の形のべき級数で議論する. つぎの定理はべき級数の性質で基本となるものである.

定理 6.5 べき級数 $\sum\limits_{n=0}^{\infty} a_n(z-\alpha)^n$ がある $z = z_0 \ (\neq \alpha)$ で収束するならば，$|z - \alpha| < |z_0 - \alpha|$ を満たすすべての z に対して絶対収束する。

【証明】 上で述べたように $\alpha = 0$ の場合を示す。仮定より $\sum\limits_{n=0}^{\infty} a_n z_0^n$ が収束するから，定理 6.1 より $\lim\limits_{n \to \infty} a_n z_0^n = 0$，したがって，定数 $M > 0$ があって

$$|a_n z_0^n| \leq M \qquad (n \geq 0) \tag{6.12}$$

が成り立つ†。複素数 z が $|z| < |z_0|$ を満たすとき

$$|a_n z^n| = |a_n z_0^n| \left|\frac{z}{z_0}\right|^n \leq M \left|\frac{z}{z_0}\right|^n \qquad (n \geq 0) \tag{6.13}$$

であり，さらに $|z/z_0| < 1$ であるから $\sum\limits_{n=0}^{\infty} M|z/z_0|^n = M \sum\limits_{n=0}^{\infty} |z/z_0|^n$ は収束する（例題 6.2）。よって，定理 6.4 より級数 $\sum\limits_{n=0}^{\infty} a_n z^n$ は絶対収束する。 ◇

定理 6.5 より，べき級数（式 (6.9)）が $z = z_0$ で発散すれば，$|z_0 - \alpha| < |z - \alpha|$ を満たすすべての z で発散することがわかる。このことから，べき級数（式 (6.9)）に対し，つぎの (1)〜(3) のいずれかが成り立つことがわかる。

(1) 式 (6.9) は $z = \alpha$ のときのみ収束する。

(2) 定数 $R > 0$ があって，式 (6.9) は $|z - \alpha| < R$ を満たす z で絶対収束し，$|z - \alpha| > R$ を満たす z では発散する。

(3) 式 (6.9) はすべての $z \in \mathbb{C}$ で収束する。

(2) の R をべき級数（式 (6.9)）の**収束半径** (radius of convergence) といい，円 $|z| = R$ をべき級数の**収束円** (circle of convergence) という。なお，(1) のときは $R = 0$，(3) のときは $R = \infty$ と定める。したがって，べき級数は収束円の内部（$R = \infty$ のときは $\mathbb{C}$ 全体）において絶対収束する。以下，収束半径は $0 < R \leq \infty$ の場合を考える。

---

† $\lim\limits_{n \to \infty} a_n z_0^n = 0$ だから，番号 N があって $|a_n z_0^n| < 1 \ (n \geq N)$ である。そこで N 個の数 $|a_0|, |a_1 z_0|, \cdots, |a_{N-1} z_0^{N-1}|$ のうち最大のものを K とするとき，$M = \max\{1, K\}$ とおけばよい。

定理 6.6
べき級数 $\sum_{n=0}^{\infty} a_n(z-\alpha)^n$ の定める関数は，収束円の内部 $|z-\alpha| < R$ において連続である。

【証明】 $\alpha = 0$ として，$f(z) = \sum_{n=1}^{\infty} a_n z^n$，$f_k(z) = \sum_{n=0}^{k-1} a_n z^n \ (k \geq 1)$ とおく。$|z_0| < R$ を満たす z_0 に対し $\lim_{z \to z_0} f(z) = f(z_0)$ を示せばよい。定数 r を $|z_0| < r < R$ を満たすようにとる。$r < R$ より $\sum_{n=0}^{\infty} |a_n| r^n$ は収束するから，定理 6.2 より $\lim_{k \to \infty} \sum_{n=k}^{\infty} |a_n| r^n = 0$ である。よって，任意に与えられた $\varepsilon > 0$ に対して k_0 が定まって

$$\sum_{n=k_0}^{\infty} |a_n| r^n < \varepsilon \tag{6.14}$$

が成り立つ。したがって，$|z| < r$ を満たす z に対し

$$|f(z) - f_{k_0}(z)| \leq \sum_{n=k_0}^{\infty} |a_n z^n| = \sum_{n=k_0}^{\infty} |a_n| r^n \left(\frac{|z|}{r}\right)^n < \sum_{n=k_0}^{\infty} |a_n| r^n < \varepsilon \tag{6.15}$$

が成り立つ。また，$f_{k_0}(z) = \sum_{n=0}^{k_0-1} a_n z^n$ は多項式関数で連続だから，$\delta > 0$ があって

$$|z - z_0| < \delta \Longrightarrow |f_{k_0}(z) - f_{k_0}(z_0)| < \varepsilon \tag{6.16}$$

が成り立つ。必要ならば，δ をより小さくして $|z_0| + \delta < r$ を満たすようにとりなおしておく。そうすると，$|z - z_0| < \delta$ を満たす z に対しては $|z| \leq |z - z_0| + |z_0| < r$，すなわち，$|z| < r$ が成り立つ。以上により z が $|z - z_0| < \delta$ を満たすならば，式 (6.15), (6.16) より

$$|f(z) - f(z_0)| \leq |f(z) - f_{k_0}(z)| + |f_{k_0}(z) - f_{k_0}(z_0)| + |f_{k_0}(z_0) - f(z_0)|$$
$$< 3\varepsilon \tag{6.17}$$

となって，$\lim_{z \to z_0} f(z) = f(z_0)$ が成り立つことがわかる。 ◇

定理 6.7（項別積分可能性）
C をべき級数 $\sum_{n=0}^{\infty} a_n(z-\alpha)^n$ の収束円内の区分的になめらかな曲線とし，$g(z)$ を C を含む（収束円内の）ある領域で連続な関数とする。このとき，つぎの (1)，(2) が成り立つ。

$$(1) \quad \int_C \sum_{n=0}^{\infty} a_n(z-\alpha)^n \,dz = \sum_{n=0}^{\infty} a_n \int_C (z-\alpha)^n \,dz$$

$$(2) \quad \int_C \left(\sum_{n=0}^{\infty} a_n(z-\alpha)^n \right) g(z) \,dz = \sum_{n=0}^{\infty} a_n \int_C (z-\alpha)^n g(z) \,dz$$

【証明】 (1) は (2) で $g(z) \equiv 1$ の場合だから[†]，(2) を示す。$\alpha = 0$ とする。 $f(z) = \sum\limits_{n=0}^{\infty} a_n z^n$, $f_k(z) = \sum\limits_{n=0}^{k-1} a_n z^n$ とおき，曲線 C のパラメータ表示を $z = z(t)$ ($a \leqq t \leqq b$) とする。べき級数 $\sum\limits_{n=0}^{\infty} a_n z^n$ の収束半径を R とすると，C は収束円の内部にあるから $|z(t)| < R$ を満たす。t の関数 $|z(t)|$ は $a \leqq t \leqq b$ で連続だから，そこで最大値（M とおく）をとる。$|z(t)| \leqq M < R$ ($a \leqq t \leqq b$) であるから，実数 r を $M < r < R$ を満たすようにとると

$$|z(t)| < r \qquad (a \leqq t \leqq b) \tag{6.18}$$

で，定理 6.6 の証明と同様に $\lim\limits_{k \to \infty} \sum\limits_{n=k}^{\infty} |a_n| r^n = 0$ が成り立つ。したがって

$$\left| \int_C f(z)g(z) \,dz - \int_C f_k(z)g(z) \,dz \right| = \left| \int_C \sum_{n=k}^{\infty} a_n z^n g(z) \,dz \right|$$

$$= \left| \int_a^b \sum_{n=k}^{\infty} a_n z(t)^n g(z(t)) z'(t) \,dt \right|$$

$$\leqq \int_a^b \sum_{n=k}^{\infty} |a_n| \, |z(t)|^n |g(z(t)) z'(t)| \,dt$$

$$\leqq \left(\sum_{n=k}^{\infty} |a_n| r^n \right) \int_a^b |g(z(t)) z'(t)| \,dt$$

$$\to 0 \quad (k \to \infty) \tag{6.19}$$

となって $\int_C f(z)g(z) \,dz = \lim\limits_{k \to \infty} \int_C f_k(z)g(z) \,dz$ が得られる。この右辺は

$$\lim_{k \to \infty} \int_C \sum_{n=0}^{k-1} a_n z^n g(z) \,dz = \lim_{k \to \infty} \sum_{n=0}^{k-1} a_n \int_C z^n g(z) \,dz$$

$$= \sum_{n=0}^{\infty} a_n \int_C z^n g(z) \,dz \tag{6.20}$$

[†] 「≡」は「恒等的に等しい」を表す記号である。

に等しいから，結局

$$\int_C \left(\sum_{n=0}^{\infty} a_n z^n\right) g(z)\,\mathrm{d}z = \int_C f(z)g(z)\,\mathrm{d}z = \sum_{n=0}^{\infty} a_n \int_C z^n g(z)\,\mathrm{d}z \tag{6.21}$$

が成り立つ。 $\diamond$

定理 6.8（項別微分可能性）　べき級数の定める関数

$$f(z) = \sum_{n=0}^{\infty} a_n (z-\alpha)^n \tag{6.22}$$

は収束円の内部において正則である。さらに

$$f'(z) = \left(\sum_{n=0}^{\infty} a_n (z-\alpha)^n\right)' = \sum_{n=1}^{\infty} n a_n (z-\alpha)^{n-1} \tag{6.23}$$

が成り立つ。

【証明】　$\alpha = 0$ の場合を示す。級数 $\sum_{n=0}^{\infty} a_n z^n$ の収束円の半径を R とする。まず $\sum_{n=1}^{\infty} n a_n z^{n-1}$ が $|z| < R$ で絶対収束することを示す。z を $|z| < R$ を満たす点とする。$|z| < r < R$ を満たす r をとると，$|z|/r < 1$ だから

$$\frac{|na_n z^{n-1}|}{|a_n r^n|} = n\left(\frac{|z|}{r}\right)^{n-1} \frac{1}{r} \to 0 \quad (n \to \infty) \tag{6.24}$$

となる。よって定数 $M > 0$ があって

$$\frac{|na_n z^{n-1}|}{|a_n r^n|} \leq M. \quad (n \geq 1) \tag{6.25}$$

すなわち，$|na_n z^{n-1}| \leq M|a_n|r^n$ となる。$\sum_{n=0}^{\infty} |a_n| r^n$ は収束するから，定理 6.4 より $\sum_{n=1}^{\infty} n a_n z^{n-1}$ は絶対収束する。

つぎに式 (6.23) を示す。$|z| < R$ を満たす z を任意に一つ固定し，$|z| < r < R$ を満たす r を一つとる。点 h を $|z| + |h| < r$ を満たすものとする。このとき

$$\frac{f(z+h) - f(z)}{h} = \sum_{n=0}^{\infty} a_n \frac{(z+h)^n - z^n}{h} \tag{6.26}$$

において

$$a_n \frac{(z+h)^n - z^n}{h} = a_n \left\{(z+h)^{n-1} + (z+h)^{n-2}z + \cdots + (z+h)z^{n-2} + z^{n-1}\right\} \tag{6.27}$$

だから

$$\left|a_n \frac{(z+h)^n - z^n}{h}\right| \leqq |a_n| n r^{n-1}$$

である。$\sum_{n=0}^{\infty} |a_n| n r^{n-1}$ は先に示したように収束するから，式 (6.26) の右辺は $|h| < r - |z|$ を満たす h について絶対収束する。よって，定理 6.6 の証明と同様にして，$(f(z+h) - f(z))/h$ は h の関数として $|h| < r - |z|$ で連続となることがわかる。$h \to 0$ のとき式 (6.27) は $na_n z^{n-1}$ に収束するから，式 (6.26) で $h \to 0$ とすれば

$$f'(z) = \sum_{n=1}^{\infty} n a_n z^{n-1} \tag{6.28}$$

となる。 ◇

注意 6.1　式 (6.23) の右辺は $|z - \alpha| < R$ で収束するべき級数だから，$f'(z)$ は定理 6.8 より正則となる。したがって，べき級数の定める関数は，収束円の内部において何回でも微分可能なことがわかる。 ◇

6.3　Taylor 展開

6.2 節では，べき級数の定める関数は正則であることを証明した。ここでは，逆に正則関数はべき級数の和として表せること，すなわち，正則関数が級数展開可能なことを示す。

定理 6.9　$f(z)$ を領域 D で正則な関数とする。D の点 α を中心とする，D に含まれる開円板 $|z - \alpha| < R$ をとる。このとき $|z - \alpha| < R$ を満たすすべての z に対して

$$f(z) = \sum_{n=0}^{\infty} \frac{f^{(n)}(\alpha)}{n!}(z - \alpha)^n \tag{6.29}$$

が成り立つ。式 (6.29) を $f(z)$ の $z = \alpha$ を中心とする **Taylor 展開**（Taylor expansion）といい，式 (6.29) の右辺を $f(z)$ の $z = \alpha$ を中心とする **Taylor 級数**（Taylor series）という。

【証明】　$|z - \alpha| < R$ を満たす z をとる（図 **6.2** に概念図を示す）。α を中心とする半径 R の円を C とおく。C 上の点を ζ で表すと，Cauchy の積分公式から

$$f(z) = \frac{1}{2\pi i} \int_C \frac{f(\zeta)}{\zeta - z} \, d\zeta \tag{6.30}$$

である。一方 $|z - \alpha| < |\zeta - \alpha|$ より $|(z - \alpha)/(\zeta - \alpha)| < 1$ だから，例題 6.2 より

$$\frac{1}{1 - \dfrac{z - \alpha}{\zeta - \alpha}} = \sum_{n=0}^{\infty} \left(\frac{z - \alpha}{\zeta - \alpha} \right)^n. \tag{6.31}$$

よって，

$$\frac{1}{\zeta - z} = \frac{1}{(\zeta - \alpha) - (z - \alpha)} = \frac{1}{\zeta - \alpha} \cdot \frac{1}{1 - \dfrac{z - \alpha}{\zeta - \alpha}}$$

$$= \frac{1}{\zeta - \alpha} \sum_{n=0}^{\infty} \left(\frac{z - \alpha}{\zeta - \alpha} \right)^n = \sum_{n=0}^{\infty} \frac{(z - \alpha)^n}{(\zeta - \alpha)^{n+1}} \tag{6.32}$$

となる。これを式 (6.30) に代入して，項別積分（定理 6.7 (2)）を行えば

$$f(z) = \frac{1}{2\pi i} \int_C f(\zeta) \sum_{n=0}^{\infty} \frac{(z - \alpha)^n}{(\zeta - \alpha)^{n+1}} \, d\zeta$$

$$= \sum_{n=0}^{\infty} \left(\frac{1}{2\pi i} \int_C \frac{f(\zeta)}{(\zeta - \alpha)^{n+1}} \, d\zeta \right) (z - \alpha)^n \tag{6.33}$$

となるが，定理 5.8 より

$$\frac{1}{2\pi i} \int_C \frac{f(\zeta)}{(\zeta - \alpha)^{n+1}} \, d\zeta = \frac{f^{(n)}(\alpha)}{n!} \quad (n \geq 0) \tag{6.34}$$

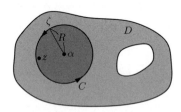

図 **6.2**　定理 6.9 の説明図

であるから，結局

$$f(z) = \sum_{n=0}^{\infty} \frac{f^{(n)}(\alpha)}{n!}(z-\alpha)^n \tag{6.35}$$

が得られる。 ◇

定理 6.9 の開円板の半径 R は開円板が D に含まれる限り大きくとれる。特に $D = \mathbb{C}$ ならば，式 (6.29) はすべての $z \in \mathbb{C}$ で成り立つ。

注意 6.2 関数 $f(z)$ の $z = \alpha$ を中心とするべき級数展開は，$f(z)$ と中心 α によって一意的に定まる。実際，$f(z)$ がある開円板 $|z - \alpha| < R'$ において

$$f(z) = \sum_{n=0}^{\infty} b_n(z-\alpha)^n \tag{6.36}$$

と表せたとする。この式に $z = \alpha$ を代入すると $f(\alpha) = b_0$ である。つぎに式 (6.36) の両辺を z で微分すると，項別微分可能性（定理 6.8）より

$$f'(z) = \sum_{n=1}^{\infty} nb_n(z-\alpha)^{n-1} \tag{6.37}$$

である。この式に $z = \alpha$ を代入して $f'(\alpha) = b_1$ となる。一般に，$m \geq 1$ のとき

$$f^{(m)}(z) = \sum_{n=m}^{\infty} n \cdots (n-m+2)(n-m+1)b_n(z-\alpha)^{n-m} \tag{6.38}$$

が成り立つから，$z = \alpha$ を代入して $f^{(m)}(\alpha) = m!b_m$，よって

$$b_m = \frac{f^{(m)}(\alpha)}{m!} \quad (m \geq 0) \tag{6.39}$$

が得られる。したがって，式 (6.36) は式 (6.29) に一致する。 ◇

定理 6.9 の証明の式 (6.33) より，領域 D で正則な関数は D に属する各点の近傍でべき級数に展開できることがわかる。べき級数はその近傍において何回でも微分可能であるから（注意 6.1），このことからも正則関数が何回でも微分可能であることがわかる。また，一意性の議論の式 (6.39) と式 (6.33) から式 (5.13) が成り立つこともわかる（定理 5.8 の別証明）。

実変数のときと同様に，関数 e^z, $\cos z$, $\sin z$ の $z = 0$ を中心とする Taylor 展開[†]はつぎのようになる。

[†] $z = 0$ を中心とする Taylor 展開を **Maclaurin 展開**（Maclaurin expansion）という。

$$e^z = \sum_{n=0}^{\infty} \frac{z^n}{n!} = 1 + \frac{z}{1!} + \frac{z^2}{2!} + \cdots + \frac{z^n}{n!} + \cdots \qquad (z \in \mathbb{C})$$

$$\cos z = \sum_{n=0}^{\infty} (-1)^n \frac{z^{2n}}{(2n)!}$$

$$= 1 - \frac{z^2}{2!} + \frac{z^4}{4!} - \cdots + (-1)^n \frac{z^{2n}}{(2n)!} + \cdots \qquad (z \in \mathbb{C})$$

$$\sin z = \sum_{n=0}^{\infty} (-1)^n \frac{z^{2n+1}}{(2n+1)!}$$

$$= z - \frac{z^3}{3!} + \frac{z^5}{5!} - \cdots + (-1)^n \frac{z^{2n+1}}{(2n+1)!} + \cdots \qquad (z \in \mathbb{C})$$

例題 6.3 関数 $f(z) = 1/(1+z)^2$ の $z = 0$ を中心とする Taylor 展開を求めよ.

【解説】

$$\frac{1}{1-w} = 1 + w + w^2 + \cdots + w^n + \cdots \qquad (|w| < 1) \qquad (6.40)$$

において $w = -z$ とおくと

$$\frac{1}{1+z} = 1 - z + z^2 - \cdots + (-1)^n z^n + \cdots \qquad (|z| < 1) \qquad (6.41)$$

この両辺を z で微分して (-1) 倍すれば

$$\frac{1}{(1+z)^2} = 1 - 2z + 3z^2 - \cdots + n(-1)^{n+1} z^{n-1} + \cdots \qquad (|z| < 1) \qquad (6.42)$$

を得る. べき級数展開の一意性から, この式が求める Taylor 展開となっている.

6.4 正則関数の性質

6.3 節の結果を利用して, 正則関数の性質をいくつか述べる.

定理 6.10 $f(z)$ を領域 D で正則な関数とし, α を D の点とする. もし

$$f(\alpha) = 0, \qquad f^{(n)}(\alpha) = 0 \quad (n = 1, 2, \cdots) \tag{6.43}$$

ならば，D 全体で $f(z) \equiv 0$ である。

【証明】 証明を理解する手助けとなる図を図 6.3 に示す。D の点 w を任意に一つとり，点 α と w を D 内の折れ線 Γ で結ぶ。折れ線 Γ と D の境界 ∂D の距離を d とおくと，$d > 0$ である。そこで Γ 上の点

$$\alpha = z_0, z_1, \cdots, z_{l-1}, z_l = w \tag{6.44}$$

を $|z_j - z_{j+1}| < d \ (j = 0, 1, \cdots, l-1)$ を満たすようにとる。各 j に対し，z_j を中心とする開円板 $|z - z_j| < d$ を U_j とおく。

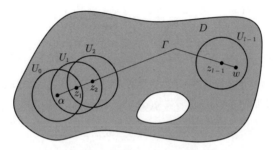

図 6.3 定理 6.10 の証明の説明図

さて，開円板 U_0 における $f(z)$ の $z = \alpha$ を中心とする Taylor 展開は式 (6.43) より

$$f(z) = \sum_{n=0}^{\infty} \frac{f^{(n)}(\alpha)}{n!}(z - \alpha)^n = 0 \tag{6.45}$$

となるから，U_0 において $f(z) \equiv 0$ となる。つぎに z_1 は U_0 に属するから，z_1 において $f(z_1) = 0$，$f^{(n)}(z_1) = 0 \ (n = 1, 2, \cdots)$ が満たされる。よって，U_1 において z_1 を中心とする $f(z)$ の Taylor 展開を考えれば，同様にして U_1 において $f(z) \equiv 0$ となる。この考察を続けていくと，$U_2, \cdots, U_{l-1}$ において $f(z) \equiv 0$ となることがわかる。ところが，w は U_{l-1} に属する点だから $f(w) = 0$ となる。w は D の任意の点だから，結局 D 全体で $f(z) \equiv 0$ となる。 ◇

定理 6.11（因数定理） 関数 $f(z)$ は $|z - \alpha| < R$ で正則で，$f(z) \not\equiv 0$ と

する．もし $f(\alpha) = 0$ ならば，自然数 $k \geqq 1$ と，$|z - \alpha| < R$ で正則な関数 $g(z)$ があって

$$f(z) = (z - \alpha)^k g(z), \qquad g(\alpha) \neq 0 \tag{6.46}$$

が成り立つ．

【証明】　$f(z) \not\equiv 0$ であるから，定理 6.10 より

$$f(\alpha) = f'(\alpha) = \cdots = f^{(k-1)}(\alpha) = 0, \quad f^{(k)}(\alpha) \neq 0 \tag{6.47}$$

を満たす $k \geqq 1$ が存在する．これより $|z - \alpha| < R$ における $f(z)$ の Taylor 展開は

$$f(z) = \sum_{n=k}^{\infty} \frac{f^{(n)}(\alpha)}{n!}(z - \alpha)^n = (z - \alpha)^k \sum_{n=k}^{\infty} \frac{f^{(n)}(\alpha)}{n!}(z - \alpha)^{n-k} \tag{6.48}$$

となる．よって，$g(z) = \sum_{n=k}^{\infty} \{f^{(n)}(\alpha)/n!\}(z-\alpha)^{n-k}$ とおくと，$f(z) = (z-\alpha)^k g(z)$ となる．$g(z)$ はべき級数の定める関数であって，$|z - \alpha| < R$ で収束しているから，$|z - \alpha| < R$ で正則である．さらに $g(\alpha) = f^{(k)}(\alpha)/k! \neq 0$ である． 　◇

定理 6.12（l'Hospital の定理）　$f(z)$, $g(z)$ は $|z - \alpha| < R$ で正則な関数で，$f(\alpha) = g(\alpha) = 0$ を満たすとする．もし極限値

$$\lim_{z \to \alpha} \frac{f'(z)}{g'(z)} = A \tag{6.49}$$

が存在するならば

$$\lim_{z \to \alpha} \frac{f(z)}{g(z)} = \lim_{z \to \alpha} \frac{f'(z)}{g'(z)} = A \tag{6.50}$$

が成り立つ．

【証明】　因数定理より自然数 m, n と正則関数 $\varphi(z)$, $\psi(z)$ が存在して，$f(z)$, $g(z)$ は

$$f(z) = (z - \alpha)^m \varphi(z), \qquad \varphi(\alpha) \neq 0, \tag{6.51}$$

$$g(z) = (z - \alpha)^n \psi(z), \qquad \psi(\alpha) \neq 0 \tag{6.52}$$

と表せる. $f(z)$, $g(z)$ をそれぞれ z で微分して整理すると

$$\frac{f'(z)}{g'(z)} = (z-\alpha)^{m-n}\frac{m\varphi(z) + (z-\alpha)\varphi'(z)}{n\psi(z) + (z-\alpha)\psi'(z)} \quad (6.53)$$

となる. 仮定より $\lim_{z\to\alpha} f'(z)/g'(z)$ が存在するから $m \geqq n$ である. $m = n$ ならば

$$\lim_{z\to\alpha}\frac{f'(z)}{g'(z)} = \lim_{z\to\alpha}\frac{m\varphi(z) + (z-\alpha)\varphi'(z)}{m\psi(z) + (z-\alpha)\psi'(z)}$$
$$= \frac{\varphi(\alpha)}{\psi(\alpha)} = \lim_{z\to\alpha}\frac{\varphi(z)}{\psi(z)} = \lim_{z\to\alpha}\frac{f(z)}{g(z)} \quad (6.54)$$

となる. また, $m > n$ ならば

$$\lim_{z\to\alpha}\frac{f'(z)}{g'(z)} = \lim_{z\to\alpha}(z-\alpha)^{m-n}\frac{m\varphi(z) + (z-\alpha)\varphi'(z)}{n\psi(z) + (z-\alpha)\psi'(z)} = 0, \quad (6.55)$$

$$\lim_{z\to\alpha}\frac{f(z)}{g(z)} = \lim_{z\to\alpha}(z-\alpha)^{m-n}\frac{\varphi(z)}{\psi(z)} = 0 \quad (6.56)$$

より $\lim_{z\to\alpha} f'(z)/g'(z) = 0 = \lim_{z\to\alpha} f(z)/g(z)$ となる. ◇

定理 6.13 $f(z)$ を領域 D で正則な関数とする. D の点 α と, α と異なる D の点からなる列 $\{z_n\}$ で

$$\lim_{n\to\infty} z_n = \alpha, \qquad f(z_n) = 0 \quad (6.57)$$

を満たすものがあれば, D 全体で $f(z) \equiv 0$ である.

【証明】 点 α を中心とする領域 D に含まれる開円板 $|z-\alpha| < R$ をとる. $z_n \to \alpha$ ($n \to \infty$) より, 最初の有限個を除いた残りの z_n はこの開円板に属する. 以下, 開円板 $|z-\alpha| < R$ に属する z_n のみを考える (図 **6.4** に概念図を示す).

さて, D 上で $f(z)$ は恒等的に 0 でないと仮定する. $f(z)$ は D で連続だから $f(\alpha) = \lim_{n\to\alpha} f(z_n) = 0$ である. よって因数定理より自然数 k と, $|z-\alpha| < R$ で

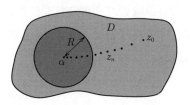

図 **6.4** 定理 6.13 の証明の説明図

正則な関数 $g(z)$ があって

$$f(z) = (z-\alpha)^k g(z), \qquad g(\alpha) \neq 0 \tag{6.58}$$

が成り立つ。この第1式で $z = z_n$ とおくと

$$0 = f(z_n) = (z_n - \alpha)^k g(z_n) \tag{6.59}$$

となるが, 仮定より $z_n \neq \alpha$ だから $g(z_n) = 0$ となる。このとき $g(z)$ の連続性から

$$g(\alpha) = \lim_{n \to \infty} g(z_n) = 0 \tag{6.60}$$

となり, $g(\alpha) \neq 0$ に矛盾する。したがって, D 上で $f(z) \equiv 0$ である。 ◇

定理 6.14(一致の定理)　$g(z), h(z)$ を領域 D で正則な関数とする。D の点 α と, α と異なる D の点からなる列 $\{z_n\}$ で

$$\lim_{n \to \infty} z_n = \alpha, \qquad g(z_n) = h(z_n) \tag{6.61}$$

を満たすものがあれば, D 全体で $g(z) \equiv h(z)$ である。

【証明】　関数 $f(z) = g(z) - h(z)$ を定理 6.13 に当てはめればよい。 ◇

例題 6.4　全平面 $\mathbb{C}$ において正則な関数 $f(z)$ で, 実軸上で実変数の指数関数 e^x と一致するものは $f(z) = e^z = e^x(\cos y + \mathrm{i}\sin y)$ に限る。

【解説】　実軸上で $f(z)$ と e^z が等しいから, α と $\{z_n\}$ を実軸上の点から選べば, 一致の定理より $\mathbb{C}$ 全体で $f(z) = e^z$ となる。 ◇

定理 6.15(最大値原理)　関数 $f(z)$ は領域 D で正則であるとする。もし $|f(z)|$ が D の点 α で極大値をとる, すなわち D に含まれるある開円板 $|z - \alpha| < R$ に属するすべての z に対し

$$|f(z)| \leqq |f(\alpha)| \tag{6.62}$$

が成り立つならば，$f(z)$ は定数である。

【証明】 $0 < r < R$ を満たす r に対し，円 $|z-\alpha| = r$ を C_r とおく。C_r を $z = \alpha + re^{i\theta}$ $(0 \leq \theta \leq 2\pi)$ と表示すると，Cauchy の積分公式より

$$f(\alpha) = \frac{1}{2\pi i} \int_{C_r} \frac{f(z)}{z-\alpha} \, dz = \frac{1}{2\pi} \int_0^{2\pi} f(\alpha + re^{i\theta}) \, d\theta \tag{6.63}$$

が成り立つ。よって，式 (6.62) より

$$|f(\alpha)| \leq \frac{1}{2\pi} \int_0^{2\pi} \left| f(\alpha + re^{i\theta}) \right| d\theta$$

$$\leq \frac{1}{2\pi} \int_0^{2\pi} |f(\alpha)| \, d\theta = |f(\alpha)| \tag{6.64}$$

となって

$$|f(\alpha)| = \frac{1}{2\pi} \int_0^{2\pi} \left| f(\alpha + re^{i\theta}) \right| d\theta \tag{6.65}$$

が成り立つ。これを変形すると

$$\frac{1}{2\pi} \int_0^{2\pi} \left\{ |f(\alpha)| - \left| f(\alpha + re^{i\theta}) \right| \right\} d\theta = 0 \tag{6.66}$$

であるが，式 (6.62) から $|f(\alpha)| - \left| f(\alpha + re^{i\theta}) \right| = 0$ となって

$$\left| f(\alpha + re^{i\theta}) \right| = |f(\alpha)| \qquad (0 \leq \theta \leq 2\pi) \tag{6.67}$$

が得られる。ここで r は $0 < r < R$ を満たす任意の数だから，$|z-\alpha| < R$ を満たすすべての z に対して

$$|f(z)| = |f(\alpha)| \tag{6.68}$$

が成り立つことになる。よって，例題 3.3 より $|z-\alpha| < R$ において $f(z) = A$（定数）となるが，一致の定理から D 全体で $f(z) = A$ となる。 ◇

6.5 解 析 接 続

$f(z)$ を領域 D で定義された正則関数とする。もし，$D \subset D_1$，$D \neq D_1$ を満

たす領域 D_1 において正則な関数 $f_1(z)$ で，D 上で $f(z)$ と値が一致する，すなわち，$f_1(z) = f(z)$ $(z \in D)$ を満たすものが存在するとき，関数 $f_1(z)$ を関数 $f(z)$ の領域 D_1 への**解析接続**（analytic continuation）という．領域 D_1 への解析接続は，もし存在すればただ一つに定まる．実際，もし D_1 上の正則関数 $g(z)$ があって，D 上で $g(z) = f(z)$ を満たすとすると，D 上で $g(z) = f_1(z)$ となる．このとき，一致の定理（定理 6.14）から $g(z) = f_1(z)$ が D_1 全体で成り立つからである．

例題 6.5 べき級数

$$f(z) = \sum_{n=0}^{\infty} z^n \tag{6.69}$$

は単位円板 $|z| < 1$ で収束し，$|z| < 1$ で関数 $f(z) = 1/(1-z)$ を表す．一方，関数

$$f_1(z) = \frac{1}{1-z} \tag{6.70}$$

は領域 $\mathbb{C} \setminus \{1\}$ で正則であり，$|z| < 1$ では $f(z) = f_1(z)$ を満たす．したがって，$f_1(z)$ は $f(z)$ の $\mathbb{C} \setminus \{1\}$ への（ただ一つの）解析接続である．

つぎに，$f(z)$ を領域 D で正則な関数とする．D_1, D_2 が D を含む領域であり，$f(z)$ の D_1 への解析接続 $f_1(z)$ と D_2 への解析接続 $f_2(z)$ が存在するとする．このとき D 上で $f_1(z) = f_2(z)$ である．よって，もし $D_1 \cap D_2$ が一つの領域になっているならば，一致の定理より $D_1 \cap D_2$ 上で $f_1(z) = f_2(z)$ となる（図 **6.5**(a) 参照）．そこで，$D_1 \cup D_2$ 上の関数 $\tilde{f}(z)$ を

$$\tilde{f}(z) = \begin{cases} f_1(z), & (z \in D_1) \\ f_2(z) & (z \in D_2) \end{cases} \tag{6.71}$$

と定めると，$\tilde{f}(z)$ は $f(z)$ の領域 $D_1 \cup D_2$ への解析接続である．

6.5 解析接続

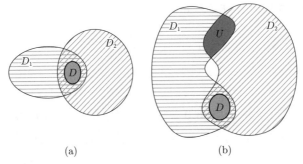

図 6.5 解析接続の例：$D_1 \cap D_2$ が一つの領域の場合は，$D_1 \cap D_2$ 上で $f_1(z) = f_2(z)$ となる（図 (a)）。$D_1 \cap D_2$ が二つの領域の場合は，U において $f_1(z) \neq f_2(z)$ となることがある（図 (b)）。

もし，$D_1 \cap D_2$ が二つ以上の領域となる場合，例えば，図 6.5(b) のような領域 U がある場合，U において $f_1(z) \neq f_2(z)$ となることがある。この場合，U 上で $f(z)$ は多価関数となる。

例題 6.6 領域 $\mathbb{C} \setminus (-\infty, 0]$ 上の関数 $f_1(z)$ と，領域 $\mathbb{C} \setminus [0, \infty)$ 上の関数 $f_2(z)$ をそれぞれ

$$f_1(z) = \log|z| + \mathrm{i}\arg z, \qquad (-\pi < \arg z < \pi) \tag{6.72}$$

$$f_2(z) = \log|z| + \mathrm{i}\arg z \qquad (0 < \arg z < 2\pi) \tag{6.73}$$

により定める†。$f_1(z)$ は対数関数 $\log z$ の主値である（4.5.1 項参照）。もし，$\mathrm{Im}\, z > 0$ ならば $f_1(z) = f_2(z)$ であるが，$\mathrm{Im}\, z < 0$ ならば $f_2(z) = f_1(z) + 2\pi$ となって $f_1(z) \neq f_2(z)$ である。

解析接続を求める方法として，べき級数によるものがよく知られている（Weierstrass の方法）。べき級数 $\sum_{n=0}^{\infty} a_n(z-\alpha)^n$ の収束円を C_α，C_α の内部を D_α とおく。このべき級数は D_α において正則な関数 $f_\alpha(z)$ を定める。いま D_α

---

† $\mathbb{C} \setminus (-\infty, 0]$ は平面から実軸の 0 以下の部分を除いてできる領域，$\mathbb{C} \setminus [0, \infty)$ は平面から実軸の 0 以上の部分を除いてできる領域である。

から点 β を一つとって,$f_\alpha(z)$ を

$$f_\alpha(z) = \sum_{n=0}^{\infty} b_n (z-\beta)^n, \qquad b_n = \frac{f_\alpha^{(n)}(\beta)}{n!} \qquad (6.74)$$

と β を中心とするべき級数に展開したとき,右辺のべき級数の収束円 C_β は C_α からはみ出ることがある(図 **6.6** 参照)。このとき,式 (6.74) の右辺のべき級数の表す関数を $f_\beta(z)$ とおくと,収束円の内部の共通部分 $D_\alpha \cap D_\beta$ においては $f_\alpha(z) = f_\beta(z)$ である。よって,$f_\beta(z)$ を用いて式 (6.71) と同様の関数をつくると,$f_\alpha(z)$ の $D_\alpha \cup D_\beta$ への解析接続が得られる。つぎに,D_β から点 γ をとり,γ を中心とする $f_\beta(z)$ のべき級数展開を求めたとき,その収束円の内部 D_γ が D_β からはみ出せば,同様にして $f_\alpha(z)$ の $D_\alpha \cup D_\beta \cup D_\gamma$ への解析接続が得られる。この操作を続けることにより,$f_\alpha(z)$ から出発して,より広い領域を定義域とする正則関数(一般には多価関数)を構成することができる。

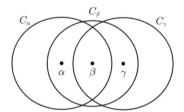

図 **6.6** 解析接続を求める方法

6.6 Laurent 展開

関数 $f(z)$ が点 α で正則でないとき,α を $f(z)$ の**特異点**(singular point)であるという。特に,ある数 $R > 0$ があり,$f(z)$ は $0 < |z-\alpha| < R$[†]で正則であるが,点 α では正則でないとき,α を $f(z)$ の**孤立特異点**(isolated singularity)という。例えば,$f(z) = 1/\{z(z^2+1)\}$ は $0, \pm i$ を孤立特異点としてもつ。ま

[†] $0 < |z-\alpha| < R$ は開円板 $|z-\alpha| < R$ から点 α を除いた領域(穴のあいた領域)である。

た，関数 $f(z) = 1/\sin(\pi/z)$ の特異点は 0, $1/n$ $(n = \pm 1, \pm 2, \cdots)$ であるが，このうち $1/n$ $(n = \pm 1, \pm 2, \cdots)$ は孤立特異点である．一方，0 のどんな近くにも無数の特異点 $1/n$ があるから，0 は孤立特異点ではない[†]．本節では，孤立特異点のまわりでの関数の展開を考える．

定理 6.16　　$f(z)$ を領域 $D : 0 < |z - \alpha| < R$ で正則な関数とする．このとき D に属するすべての点に対し，$f(z)$ は

$$f(z) = \sum_{n=1}^{\infty} \frac{b_n}{(z-\alpha)^n} + \sum_{n=0}^{\infty} a_n (z-\alpha)^n \qquad (6.75)$$

と級数展開できる．ここで，係数 a_n, b_n は

$$a_n = \frac{1}{2\pi i} \int_C \frac{f(z)}{(z-\alpha)^{n+1}} \, dz, \qquad (n \geq 0) \qquad (6.76)$$

$$b_n = \frac{1}{2\pi i} \int_C f(z)(z-\alpha)^{n-1} \, dz \qquad (n \geq 1) \qquad (6.77)$$

であり，C は D に含まれる正の向きをもつ任意の円 $|z - \alpha| = r$ (すなわち，$0 < r < R$) である．式 (6.75) を $f(z)$ の $z = \alpha$ を中心とする **Laurent 展開** (Laurent expansion) という．

【証明】　　z を D の点とする．図 **6.7** のように円 C と円 Γ を，z が Γ と C の囲む領域に属するようにとる．定理 5.5 の証明と同様に C と Γ を二つの線分で結び，二つの領域に分けて考えれば，Cauchy の積分公式と Cauchy の定理より

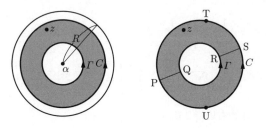

図 **6.7**　定理 6.16 の証明の説明図

[†] このような特異点を集積特異点という．

6. 関 数 の 展 開

$$f(z) = \frac{1}{2\pi i} \int_{\text{PQRSTP}} \frac{f(\zeta)}{\zeta - z} \, d\zeta, \tag{6.78}$$

$$0 = \frac{1}{2\pi i} \int_{\text{SRQPUS}} \frac{f(\zeta)}{\zeta - z} \, d\zeta \tag{6.79}$$

が成り立つから，辺々足し合わせて

$$f(z) = \frac{1}{2\pi i} \int_C \frac{f(\zeta)}{\zeta - z} \, d\zeta - \frac{1}{2\pi i} \int_\Gamma \frac{f(\zeta)}{\zeta - z} \, d\zeta \tag{6.80}$$

が得られる．式 (6.80) の右辺第 1 項について，ζ を C 上の点とするとき

$$|z - \alpha| < |\zeta - \alpha|. \tag{6.81}$$

よって

$$\left| \frac{z - \alpha}{\zeta - \alpha} \right| < 1 \tag{6.82}$$

である．したがって，定理 6.9 の証明と同様にして

$$\frac{1}{2\pi i} \int_C \frac{f(z)}{\zeta - z} \, d\zeta = \sum_{n=0}^{\infty} a_n (z - \alpha)^n, \tag{6.83}$$

$$a_n = \frac{1}{2\pi i} \int_C \frac{f(\zeta)}{(\zeta - \alpha)^{n+1}} \, d\zeta \quad (n \geqq 0) \tag{6.84}$$

が成り立つ．なお，上の議論から式 (6.83) の右辺の級数は開円板 $|z - \alpha| < R$ で収束することもわかる．

つぎに ζ を Γ 上の点とすると，$|\zeta - \alpha| < |z - \alpha|$ が成り立つから

$$\left| \frac{\zeta - \alpha}{z - \alpha} \right| < 1 \tag{6.85}$$

である．よって，

$$\frac{1}{\zeta - z} = -\frac{1}{z - \alpha} \cdot \frac{1}{1 - \dfrac{\zeta - \alpha}{z - \alpha}}$$

$$= -\frac{1}{z - \alpha} \sum_{n=1}^{\infty} \left(\frac{\zeta - \alpha}{z - \alpha} \right)^{n-1} = -\sum_{n=1}^{\infty} \frac{(\zeta - \alpha)^{n-1}}{(z - \alpha)^n} \tag{6.86}$$

となり，式 (6.80) の右辺第 2 項は

$$-\frac{1}{2\pi i} \int_\Gamma \frac{f(\zeta)}{\zeta - z} \, d\zeta = \frac{1}{2\pi i} \int_\Gamma f(\zeta) \sum_{n=1}^{\infty} \frac{(\zeta - \alpha)^{n-1}}{(z - \alpha)^n} \, d\zeta$$

$$= \sum_{n=1}^{\infty} \frac{b_n}{(z-\alpha)^n}, \tag{6.87}$$

$$b_n = \frac{1}{2\pi i} \int_{\Gamma} f(\zeta)(\zeta-\alpha)^{n-1} \,d\zeta \qquad (n \geq 1) \tag{6.88}$$

となる．以上により，式 (6.75) が成り立つ．なお，式 (6.87) の 2 行目の級数は $|z-\alpha| > 0$ を満たす z で収束することがわかる．最後に式 (6.84)，(6.88) の右辺の線積分が C, Γ の半径によらず一定なことは定理 5.5 から従う．これで定理が証明された． ◇

注意 6.3 Laurent 展開についても展開の一意性が成り立つ．$f(z)$ が式 (6.75) と

$$f(z) = \sum_{n=1}^{\infty} \frac{d_n}{(z-\alpha)^n} + \sum_{n=0}^{\infty} c_n(z-\alpha)^n \tag{6.89}$$

の 2 通りに展開できたとする．$k \geqq 0$ のとき

$$\begin{aligned}
a_k &= \frac{1}{2\pi i} \int_C \frac{f(z)}{(z-\alpha)^{k+1}} \,dz \\
&= \frac{1}{2\pi i} \int_C \sum_{n=1}^{\infty} \frac{d_n}{(z-\alpha)^{n+k+1}} \,dz + \frac{1}{2\pi i} \int_C \sum_{n=0}^{\infty} c_n(z-\alpha)^{n-k-1} \,dz
\end{aligned} \tag{6.90}$$

であるが，この場合も項別積分可能性が成り立つことが示せて，最後の式は

$$\sum_{n=1}^{\infty} \frac{d_n}{2\pi i} \int_C \frac{1}{(z-\alpha)^{n+k+1}} \,dz + \sum_{n=0}^{\infty} \frac{c_n}{2\pi i} \int_C (z-\alpha)^{n-k-1} \,dz = c_k \tag{6.91}$$

に等しい（ここで例題 5.4 を用いた）．よって，$a_k = c_k$ $(k \geqq 0)$ となる．同様にして，$b_k = d_k$ $(k \geqq 1)$ も示すことができる． ◇

例題 6.7 つぎの関数の $z = 0$ を中心とする Laurent 展開を求めよ．

(1) $\dfrac{\sin z}{z}$ (2) $\dfrac{\cos z}{z^3}$ (3) $e^{1/z}$

【解説】 $z = 0$ は (1)〜(3) の関数の孤立特異点である．

(1) $\sin z$ の Taylor 展開 $\sin z = z - (z^3/3!) + (z^5/5!) + \cdots + (-1)^n \{z^{2n+1}/(2n+1)!\} + \cdots$ より

6. 関数の展開

$$\frac{\sin z}{z} = 1 - \frac{z^2}{3!} + \frac{z^4}{5!} + \cdots + (-1)^n \frac{z^{2n}}{(2n+1)!} + \cdots \quad (0 < |z| < \infty) \tag{6.92}$$

となる。Laurent 展開の一意性より，これ以外にない。

(2) (1) と同様に $\cos z = 1 - (z^2/2!) + (z^4/4!) - \cdots + (-1)^n \{z^{2n}/(2n)!\} + \cdots$ より

$$\frac{\cos z}{z^3} = \frac{1}{z^3} - \frac{1}{2!z} + \frac{z}{4!} - \cdots + (-1)^n \frac{z^{2n-3}}{(2n)!} + \cdots. \quad (0 < |z| < \infty) \tag{6.93}$$

(3) $e^\zeta = 1 + (\zeta/1!) + (\zeta^2/2!) + \cdots + (\zeta^n/n!) + \cdots$ で $\zeta = 1/z$ とおくと

$$e^{1/z} = 1 + \frac{1}{1!z} + \frac{1}{2!z^2} + \cdots + \frac{1}{n!z^n} + \cdots \quad (0 < |z| < \infty) \tag{6.94}$$

が得られる。 ◇

6.7 特異点の分類

$f(z)$ を $0 < |z - \alpha| < R$ において正則な関数とし，$f(z)$ の $z = \alpha$ を中心とする Laurent 展開を

$$f(z) = \sum_{n=1}^{\infty} \frac{b_n}{(z-\alpha)^n} + \sum_{n=0}^{\infty} a_n (z-\alpha)^n \tag{6.95}$$

とする。このとき，負のべきの項

$$\sum_{n=1}^{\infty} \frac{b_n}{(z-\alpha)^n} \tag{6.96}$$

を $f(z)$ の $z = \alpha$ における**主要部**（principal part of Laurent series）という。主要部を用いて特異点 α をつぎのように分類する。

(1) 主要部がないとき，すなわちすべての $n \geq 1$ に対して $b_n = 0$ のとき，α を $f(z)$ の**除去可能な特異点**（removable singularity）という。

(2) 主要部が有限個の項からなるとき，すなわち $b_n \neq 0$ を満たす n が有限個のとき，α を**極**（pole）という。

(3) 主要部が無限個の項からなるとき，すなわち $b_n \neq 0$ を満たす n が無数にあるとき，α を**真性特異点**（essential singularity）という．

例えば，例題 6.7 において，$z = 0$ はそれぞれ関数 $(\sin z)/z$ の除去可能な特異点，関数 $(\cos z)/z^3$ の極，関数 $e^{1/z}$ の真性特異点である．

除去可能な特異点について考えてみよう．点 α を $f(z)$ の除去可能な特異点とすると，α を中心とする Laurent 展開は

$$f(z) = a_0 + a_1(z-\alpha) + a_2(z-\alpha)^2 + \cdots \qquad (0 < |z-\alpha| < R) \quad (6.97)$$

の形になる．この右辺はべき級数だから，開円板 $|z - \alpha| < R$ で正則な関数を定める．よって，$f(z)$ の $z = \alpha$ における値を $f(\alpha) = a_0$ と定めれば，式 (6.97) は $|z - \alpha| < R$ で成立し，$f(z)$ は $|z - \alpha| < R$ で正則な関数となる．したがって，$\lim_{z \to \alpha} f(z)$ が存在して $\lim_{z \to \alpha} f(z) = a_0$ である．例として，例題 6.7 (1) の関数 $f(z) = (\sin z)/z$ を考える．$z = 0$ は $f(z)$ の孤立特異点であるが，$f(z)$ の Laurent 展開は式 (6.92) であるから，$f(z)$ の $z = 0$ における値を $f(0) = 1$ と定めると，式 (6.92) はすべての z で成立し，$f(z)$ は複素平面全体で正則な関数となる．この場合，孤立特異点 $z = 0$ は除去できる．

つぎに，点 α が $f(z)$ の極であるとき，$z = \alpha$ における $f(z)$ の Laurent 展開は

$$f(z) = \frac{b_k}{(z-\alpha)^k} + \frac{b_{k-1}}{(z-\alpha)^{k-1}} + \cdots + \frac{b_1}{z-\alpha} + \sum_{n=0}^{\infty} a_n(z-\alpha)^n \qquad (b_k \neq 0) \quad (6.98)$$

の形となる．このとき，α を k 位の極（あるいは位数 k の極）という．

α が $f(z)$ の k 位の極のとき，式 (6.98) は

$$f(z) = \frac{g(z)}{(z-\alpha)^k},$$
$$g(z) = b_k + b_{k-1}(z-\alpha) + \cdots + b_1(z-\alpha)^{k-1} + \sum_{n=0}^{\infty} a_n(z-\alpha)^{n+k} \quad (6.99)$$

と書ける．したがって，点 α が $f(z)$ の k 位の極であることと，点 α で正則な関数 $g(z)$ において $g(\alpha) \neq 0$ を満たすものが存在して $f(z) = g(z)/(z-\alpha)^k$ が成り立つことが，同値であるとわかる．

関数 $f(z)$ に対し，$f(\alpha) = 0$ を満たす点 α を $f(z)$ の **零点** (zero) という．点 α が領域 D で正則な関数 $f(z)$ の零点，かつ，ある自然数 $k \geq 1$ で

$$f(\alpha) = f'(\alpha) = \cdots = f^{(k-1)}(\alpha) = 0, \quad f^{(k)}(\alpha) \neq 0 \qquad (6.100)$$

となるとき，α を k 位の零点（あるいは位数 k の零点）という．このとき，つぎの定理が成り立つ．

定理 6.17 点 α が関数 $f(z)$ の k 位の零点であることと，α が関数 $1/f(z)$ の k 位の極であることは同値である．

【証明】 点 α が関数 $f(z)$ の k 位の零点であると仮定すると，因数定理より正則関数 $h(z)$ があって，α の近傍で $f(z) = (z-\alpha)^k h(z)$，$h(\alpha) \neq 0$ が成り立つ．このとき

$$\frac{1}{f(z)} = \frac{1/h(z)}{(z-\alpha)^k} \qquad (6.101)$$

である．$h(z)$ は連続だから，$h(\alpha) \neq 0$ より α の近傍でも $h(z) \neq 0$ であるので，$1/h(z)$ は点 α で正則な関数となる．よって，上で述べたことから，α は $1/f(z)$ の k 位の極である．逆も同様に示せる． ◇

最後に孤立特異点の特徴づけを与えておく．

定理 6.18 $0 < |z-\alpha| < R$ で正則な関数 $f(z)$ に対し，つぎの (1)〜(3) が成り立つ[†]．

(1) α は $f(z)$ の除去可能な特異点 $\iff$ $0 < r < R$ を満たす r が存在して，$0 < |z-\alpha| \leq r$ で $f(z)$ は有界である．

(2) α は $f(z)$ の極 $\iff$ $\lim_{z \to \alpha} |f(z)| = +\infty$ が成り立つ．

[†] (1) は Riemann の定理，(3) は Weierstrass の定理といわれる．

(3) α は $f(z)$ の真性特異点 $\iff$ 任意の複素数 w に対し

$$0 < |z_n - \alpha| < R, \quad \lim_{n \to \infty} z_n = \alpha, \quad \lim_{n \to \infty} f(z_n) = w$$

を満たす点列 $\{z_n\}$ が存在する.

【証明】 (1) ($\Longrightarrow$) α が $f(z)$ の除去可能な特異点ならば, 式 (6.97) 以下で述べたように極限 $\lim_{z \to \alpha} f(z) = \gamma \in \mathbb{C}$ が存在する. したがって, $\varepsilon = 1$ に対して $r > 0$ が存在して

$$0 < |z - \alpha| \leqq r \Longrightarrow |f(z) - \gamma| < 1, \text{ よって } |f(z)| < |\gamma| + 1 \quad (6.102)$$

となって, $f(z)$ は $0 < |z - \alpha| \leqq r$ で有界となる.

($\Longleftarrow$) $f(z)$ が $0 < |z - \alpha| \leqq r$ で有界であるとすると, 正の数 M があって, $|f(z)| \leqq M$ $(0 < |z - \alpha| \leqq r)$ となる. 正の向きをもつ円 $|z - \alpha| = r$ を C とおくと, $f(z)$ の主要部の係数 b_n $(n \geqq 1)$ について

$$\begin{aligned}|b_n| &= \left| \frac{1}{2\pi i} \int_C f(z)(z - \alpha)^{n-1} \, dz \right| \\ &\leqq \frac{1}{2\pi} \int_0^{2\pi} \left| f\left(\alpha + re^{i\theta}\right) \right| r^{n-1} \cdot r \, d\theta \leqq Mr^n\end{aligned} \quad (6.103)$$

となる. ここで r は任意に小さくとれるから, $r \to 0$ とすれば $b_n = 0$ $(n \geqq 1)$ となる. よって, α は除去可能な特異点である.

(2) ($\Longrightarrow$) α が k 位の極とすると, 正則関数 $g(z)$ があって $f(z) = (z-\alpha)^{-k} g(z)$, $g(\alpha) \neq 0$ が成り立つから

$$|f(z)| = \frac{|g(z)|}{|z - \alpha|^k} \to +\infty \quad (z \to \alpha) \quad (6.104)$$

となる.

($\Longleftarrow$) $\lim_{z \to \alpha} |f(z)| = +\infty$ ならば, 適当な $0 < r < R$ をとって, $0 < |z - \alpha| < r$ で $|f(z)| \geqq 1$ とできる. このとき関数 $g(z) = 1/f(z)$ は $0 < |z - \alpha| < r$ で正則で $|g(z)| \leqq 1$ を満たすから, (1) より α は $g(z)$ の除去可能な特異点である. $g(\alpha) = 0$ と定めると, $g(z)$ は $|z - \alpha| < r$ で正則で, α は $g(z)$ の零点となるから, α は $f(z)$ の極である.

(3) ($\Longrightarrow$) w を任意の複素数とする. このとき, 任意の r $(0 < r < R)$ と $\varepsilon > 0$ に対し

$$0 < |z - \alpha| < r, \quad |f(z) - w| < \varepsilon \tag{6.105}$$

を満たす z があることを示せば十分である．実際，このとき各 $n \geq 1$ に対して

$$0 < |z_n - \alpha| < \frac{1}{n}, \quad |f(z_n) - w| < \frac{1}{n} \tag{6.106}$$

を満たす z_n をとれば，$\{z_n\}$ は題意を満たす．かりにこのような z がないとすると，ある $0 < r < R$ と $\varepsilon > 0$ があって，$0 < |z - \alpha| < r$ を満たすすべての z に対して $|f(z) - w| > \varepsilon$ となる．よって $g(z) = 1/(f(z) - w)$ とおくと，$g(z)$ は有界となるから，(1) より α は $g(z)$ の除去可能な特異点となる．$\lim_{z \to \alpha} g(z) = \gamma$ とおく．$f(z) = w + 1/g(z)$ だから，$\gamma \neq 0$ ならば $f(z) \to w + 1/\gamma$ $(z \to \alpha)$ となって，α は $f(z)$ の除去可能な特異点であり，$\gamma = 0$ ならば，$|f(z)| \to +\infty$ $(z \to \alpha)$ となるから，(2) より α は $f(z)$ の極となる．したがって，α は真性特異点ではないことになり矛盾する．

（$\Longleftarrow$）　題意を満たす $\{z_n\}$ があるとすれば，(1)，(2) より α は除去可能な特異点でも極でもないから，α は真性特異点である．　　◇

6.8　留　　　数

点 α を関数 $f(z)$ の孤立特異点とし，$f(z)$ は $0 < |z - \alpha| < R$ において正則であるとする．$f(z)$ の Laurent 展開を

$$f(z) = \sum_{n=1}^{\infty} \frac{b_n}{(z - \alpha)^n} + \sum_{n=0}^{\infty} a_n (z - \alpha)^n \tag{6.107}$$

とするとき，係数 b_1 を α における $f(z)$ の**留数** (residue) といい，$\mathrm{Res}(\alpha) = b_1$ と表す．C を正の向きをもつ円 $|z - \alpha| = r$ $(0 < r < R)$ とすると，式 (6.77) より

$$\mathrm{Res}(\alpha) = \frac{1}{2\pi i} \int_C f(z)\,dz \tag{6.108}$$

である．留数について，つぎの定理が成り立つ．

定理 6.19（留数定理）　　関数 $f(z)$ は単純閉曲線 C の内部から有限個の点 $\alpha_1, \cdots, \alpha_m$ を除いた部分および C において正則であるとする．この

とき

$$\int_C f(z)\,\mathrm{d}z = 2\pi\mathrm{i}\sum_{k=1}^{m}\mathrm{Res}(\alpha_k) \tag{6.109}$$

が成り立つ。ただし，C の向きは正の向きとする。

【証明】 各 $k = 1,\cdots,m$ について，点 α_k を中心とする円 C_k を C の内部に，どの二つの円も交わらないようにとれば，定理 5.6 と式 (6.108) より

$$\int_C f(z)\,\mathrm{d}z = \sum_{k=1}^{m}\int_{C_k} f(z)\,\mathrm{d}z = \sum_{k=1}^{m} 2\pi\mathrm{i}\,\mathrm{Res}(\alpha_k) \tag{6.110}$$

が成り立ち，定理が従う。 $\diamond$

留数定理は線積分の計算に応用できる。孤立特異点における留数は Laurent 展開から求められるが，特に特異点が極である場合は，位数がわかれば，つぎのようにして求められる。

α が $f(z)$ の 1 位の極であるとき，$f(z)$ の Laurent 展開は $f(z) = \{b_1/(z-\alpha)\} + g(z)$（$g(z)$ は正則な関数）の形だから，$(z-\alpha)f(z) = b_1 + (z-\alpha)g(z)$ において $z \to \alpha$ とすると

$$\mathrm{Res}(\alpha) = b_1 = \lim_{z \to \alpha}(z-\alpha)f(z) \tag{6.111}$$

となる。一般に α が k 位の極（$k \geqq 1$）のときは

$$\mathrm{Res}(\alpha) = \frac{1}{(k-1)!}\lim_{z \to \alpha}\frac{\mathrm{d}^{k-1}}{\mathrm{d}z^{k-1}}\left\{(z-\alpha)^k f(z)\right\} \tag{6.112}$$

が成り立つ。

例題 6.8 $a \in \mathbb{R}$，$a > 0$ のとき，つぎが成り立つ。

$$\int_{-\infty}^{\infty}\frac{\cos x}{x^2 + a^2}\,\mathrm{d}x = \frac{\pi}{a}e^{-a}. \tag{6.113}$$

【解説】 R を $R > a$ を満たす実数とする（図 **6.8** 参照）．始点 $-R$，終点 R を結ぶ線分を C_1，$z = Re^{i\theta}$ $(0 \leqq \theta \leqq \pi)$ で定まる半円を C_2 とし，正の向きをもつ単純閉曲線 C を $C = C_1 + C_2$ と定める．このとき，関数 $f(z) = e^{iz}/(z^2 + a^2)$ の C に沿う線積分

$$\int_C \frac{e^{iz}}{z^2 + a^2}\, dz \tag{6.114}$$

を考察する．関数 $f(z)$ は $z = \pm ai$ をそれぞれ 1 位の極としてもつ．このうち C の内部にあるものは $z = ai$ である．よって

$$\mathrm{Res}(ai) = \lim_{z \to ai} \frac{e^{iz}}{z + ai} = \frac{e^{-a}}{2ai} \tag{6.115}$$

となるから，留数定理より

$$\int_{C_1} \frac{e^{iz}}{z^2 + a^2}\, dz + \int_{C_2} \frac{e^{iz}}{z^2 + a^2}\, dz = \int_C \frac{e^{iz}}{z^2 + a^2}\, dz = 2\pi i\, \mathrm{Res}(ai) = \frac{\pi}{a} e^{-a} \tag{6.116}$$

である．この左辺第 1 項は

$$\int_{C_1} \frac{e^{iz}}{z^2 + a^2}\, dz = \int_{-R}^{R} \frac{e^{ix}}{x^2 + a^2}\, dx \tag{6.117}$$

である．第 2 項については

$$\left| \int_{C_2} \frac{e^{iz}}{z^2 + a^2}\, dz \right| = \left| \int_0^{\pi} \frac{e^{iRe^{i\theta}}}{R^2 e^{2i\theta} + a^2} iRe^{i\theta}\, d\theta \right|$$

$$\leqq \int_0^{\pi} \left| \frac{e^{iR(\cos\theta + i\sin\theta)}}{R^2 e^{2i\theta} + a^2} iRe^{i\theta} \right|\, d\theta$$

$$\leqq \int_0^{\pi} \frac{e^{-R\sin\theta}}{R^2 - a^2} R\, d\theta \tag{6.118}$$

と評価する．ここで対称性より

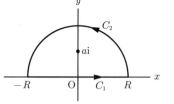

図 **6.8**　例題 6.8 の説明図

$$\int_0^\pi e^{-R\sin\theta}\,\mathrm{d}\theta = 2\int_0^{\pi/2} e^{-R\sin\theta}\,\mathrm{d}\theta \tag{6.119}$$

であるが，不等式

$$\sin\theta \geqq \frac{2}{\pi}\theta \quad \left(0 \leqq \theta \leqq \frac{\pi}{2}\right) \tag{6.120}$$

を使うと，式 (6.118) の最後の積分は

$$\frac{2R}{R^2-a^2}\int_0^{\pi/2} e^{-R(2/\pi)\theta}\,\mathrm{d}\theta = \frac{\pi(1-e^{-R})}{R^2-a^2} \tag{6.121}$$

で押さえられる。よって

$$\left|\int_{C_2}\frac{e^{\mathrm{i}z}}{z^2+a^2}\,\mathrm{d}z\right| \leqq \frac{\pi(1-e^{-R})}{R^2-a^2} \to 0 \quad (R\to\infty) \tag{6.122}$$

が成り立つ。したがって，式 (6.116) から得られる式

$$\int_{-R}^R \frac{e^{\mathrm{i}x}}{x^2+a^2}\,\mathrm{d}x + \int_{C_2}\frac{e^{\mathrm{i}z}}{z^2+a^2}\,\mathrm{d}z = \frac{\pi}{a}e^{-a} \tag{6.123}$$

において $R\to\infty$ とすれば

$$\int_{-\infty}^\infty \frac{e^{\mathrm{i}x}}{x^2+a^2}\,\mathrm{d}x = \frac{\pi}{a}e^{-a} \tag{6.124}$$

となる。この左辺で $e^{\mathrm{i}x}=\cos x+\mathrm{i}\sin x$ とおいて両辺の実部を比較すれば，求める式を得る。　　◇

章　末　問　題

【1】つぎの関数の，与えられた点を中心とする Taylor 展開を求めよ。また，収束半径も求めよ。

(1) $\dfrac{1}{2z-1}$ 　 $(z=0)$ 　　(2) $\dfrac{1}{z}$ 　 $(z=\mathrm{i})$

(3) $\dfrac{z^3}{1-z^2}$ 　 $(z=0)$ 　　(4) $\sin 2z$ 　 $(z=\pi)$

【2】関数 $f(z)=1/\{z(z-1)\}$ の $z=1$ を中心とする Laurent 展開を $0<|z-1|<1$ の範囲で求めよ。

6. 関数の展開

【3】 つぎの関数の特異点を分類せよ。極については位数も求めよ。

(1) $\dfrac{\sin z}{z^3}$ (2) $\dfrac{z+1}{z^3(z^2+1)}$ (3) $\dfrac{1-\cos z}{z^2}$

(4) $\dfrac{z}{e^z-1}$ (5) $\dfrac{z}{\sin z}$

【4】【3】の関数の特異点における留数を求めよ。

【5】領域 D で正則な関数 $f(z)$, $g(z)$ について $f(z)g(z) \equiv 0$ が成り立つならば，D において $f(z) \equiv 0$ または $g(z) \equiv 0$ であることを示せ。

【6】関数 $f(z)$ は領域 D で正則で，$f(z) \neq 0$ $(z \in D)$ とする。もし $|f(z)|$ が D において極小値をとるならば，$f(z)$ は定数であることを示せ。

7章 等角写像

7.1 等角写像

2章と4章において，複素関数 $w = f(z)$ は z 平面上の図形を w 平面上の図形に写像することを見てきた．特に，z 平面上の曲線は w 平面上の曲線に写像される．

$f(z)$ を z 平面における領域 D 上の複素関数，z_0 を D の点とする（図 **7.1**）．z_0 を始点とするなめらかな曲線は，$w = f(z)$ によって点 $w_0 = f(z_0)$ を始点とする w 平面上のなめらかな曲線に写像されるとする．C_1，C_2 を z_0 を始点とする二つのなめらかな曲線とし，その像曲線を $f(C_1) = \varGamma_1$，$f(C_2) = \varGamma_2$ とする．C_1 と C_2 のなす角と $\varGamma_1$ と $\varGamma_2$ のなす角が，向きを込めて等しいとき，写像

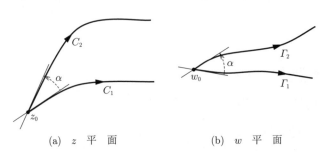

(a) z 平面   (b) w 平面

図 **7.1** 等角写像の概念図：z 平面（図 (a)）において，曲線 C_1 と C_2 のなす角 α は f により写像された w 平面（図 (b)）における曲線 $\varGamma_1$ と $\varGamma_2$ のなす角と等しく，また，その向きも等しい．

$w = f(z)$ は点 z_0 において**等角** (conformal) であるという。また，領域 D が写像 $w = f(z)$ によって w 平面上の領域 Ω の上に 1 対 1 に写像され[†]，さらに $w = f(z)$ が D のすべての点で等角であるとき，$w = f(z)$ を領域 D から領域 Ω への**等角写像** (conformal mapping) という。ただし，z_0 を始点とする 2 曲線 C_1 と C_2 のなす角とは，z_0 における C_1 と C_2 の接線のなす角のことである。

定理 7.1　　関数 $w = f(z)$ が領域 D で正則であり，D の点 z_0 において $f'(z_0) \neq 0$ ならば，$w = f(z)$ は z_0 において等角である。

【証明】　z_0 を始点とする z 平面上のなめらかな曲線

$$C : z = z(t) \quad (a \leq t \leq b,\ z(a) = z_0) \tag{7.1}$$

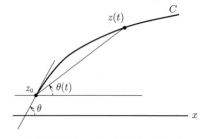

図 **7.2**　定理 7.1 の証明の説明図

について，C 上に点 $z(t)$ $(a < t)$ をとる。z_0 における C と実軸のなす角を θ，z_0 と $z(t)$ を結ぶ線分と実軸のなす角を $\theta(t)$ とおくと，$\lim_{t \to a} \theta(t) = \theta$ である（図 **7.2** 参照）。正の実数倍を行っても偏角は変わらないから，$t - a > 0$ に注意して

$$\begin{aligned}\theta(t) &= \arg(z(t) - z_0) \\ &= \arg \frac{z(t) - z(a)}{t - a}\end{aligned} \tag{7.2}$$

より

$$\theta = \lim_{t \to a} \theta(t) = \arg z'(a) \tag{7.3}$$

となる。同様に，w 平面における C の像曲線

$$\Gamma = f(C) : w = f(z(t)) \quad (a \leq t \leq b) \tag{7.4}$$

について，点 $w_0 = f(z_0)$ における Γ と実軸とのなす角 φ は，$\varphi = \arg w'(a)$ である。ここで $w'(t) = f'(z(t))\, z'(t)$ より，仮定 $f'(z_0) \neq 0$ を用いれば

[†] 領域 Ω の任意の点 w に対し，$w = f(z)$ を満たす領域 D の点 z がただ一つ存在するという意味である。

$$\varphi = \arg w'(a) = \arg f'(z_0) + \arg z'(a) = \arg f'(z_0) + \theta \tag{7.5}$$

となる．したがって，点 w_0 において $\varGamma$ と w 平面の実軸がなす角 φ は，点 z_0 において C と z 平面の実軸のなす角 θ に定角 $\arg f'(z_0)$ を加えたものに等しい．

いま，z_0 を始点とする二つのなめらかな曲線を C_k，C_k の像曲線を $\varGamma_k = f(C_k)$ とおく（$k = 1, 2$）．z_0 における C_k と実軸のなす角を θ_k とすると，C_1 と C_2 のなす角は $\theta_2 - \theta_1$ である．一方，w_0 における $\varGamma_k$ と実軸のなす角を φ_k とすると，式 (7.5) より $\varphi_k = \arg f'(z_0) + \theta_k$（$k = 1, 2$）が成り立つ．よって，$\varGamma_1$ と $\varGamma_2$ のなす角は

$$\varphi_2 - \varphi_1 = (\arg f'(z_0) + \theta_2) - (\arg f'(z_0) + \theta_1) = \theta_2 - \theta_1 \tag{7.6}$$

となり，C_1 と C_2 のなす角に等しい．以上により，z_0 における等角性が証明された． ◇

例えば，写像 $w = f(z) = z^2$ は，$f'(z) = 2z$ より $z = 0$ 以外の z において等角である．したがって，例題 2.1 で見たように，z 平面上の点 $z_0 \neq 0$ において直交する 2 本の直線の $w = z^2$ による像（二つの放物線）は，点 $w_0 = z_0^2$ において直交する．

注意 7.1 定理 7.1 で $f'(z) \neq 0$ の条件は本質的である．例えば，$f(z) = z^2$ について $f'(0) = 0$ である．点 $z = 0$ を始点とする実軸と θ の角をなす半直線 $z = e^{i\theta}t$（$t \geqq 0$）の $w = z^2$ による像は，実軸と 2θ の角をなす半直線 $w = e^{2i\theta}t^2$（$t \geqq 0$）となる．したがって，点 w 平面上へ写像された半直線のなす角は，z 平面上の二つの半直線のなす角の 2 倍となり，等角性が保たれていないことがわかる． ◇

7.2　1 次 変 換

ここでは，等角写像の基本的な例である 1 次変換について述べる．a, b, c, d を $ad - bc \neq 0$ を満たす複素数とするとき

$$w = f(z) = \frac{az + b}{cz + d} \tag{7.7}$$

の形の関数による写像を 1 次変換または Möbius 変換という†．式 (7.7) を z で微分すると，条件 $ad - bc \neq 0$ より

---

† $ad - bc = 0$ のときは，$f(z)$ が定数となるので除外する．

$$f'(z) = \frac{ad-bc}{(cz+d)^2} \neq 0 \tag{7.8}$$

となるから，1次変換は極を除いたすべての点において等角な写像である．

式 (7.7) において $c=0$ ならば ($ad-bc \neq 0$ より $a \neq 0$, $d \neq 0$ だから)

$$w = \frac{a}{d}z + \frac{b}{d} \qquad \left(\frac{a}{d} \neq 0\right) \tag{7.9}$$

の形になる．また，$c \neq 0$ ならば

$$w = \frac{(bc-ad)/c^2}{z+(d/c)} + \frac{a}{c} \qquad \left(\frac{bc-ad}{c^2} \neq 0\right) \tag{7.10}$$

の形になる．したがって，式 (7.7) は，つぎのような三つの特別な形の1次変換

(i) $w = z + \beta$,   (ii) $w = \alpha z$, $(\alpha \neq 0)$ (iii) $w = \dfrac{1}{z}$

$$\tag{7.11}$$

の合成となっている．(i) は β だけの平行移動を表す変換である．(ii) は $\alpha = |\alpha|e^{\mathrm{i}\theta}$ ($\theta = \arg \alpha$) として $w = |\alpha|e^{\mathrm{i}\theta}z$ となるから，αz は z の原点を中心とする角 $\arg \alpha$ の回転と $|\alpha|$ 倍の拡大（縮小）を表す．

例題 7.1　　つぎの写像による z 平面上の円 $|z-2|=1$ の像を w 平面に図示せよ．

(1) $w = z + (3-2\mathrm{i})$　　(2) $w = (1+\mathrm{i})z$

【解説】　(1) 実軸の正の向きに3移動し，虚軸の負の向きに2移動する写像（図 **7.3**(b))．

(2) $1+\mathrm{i} = \sqrt{2}e^{\pi \mathrm{i}/4}$ だから，角 $\pi/4$ の回転と $\sqrt{2}$ 倍の拡大 ($|w| = \sqrt{2}|z|$) からなる写像（図 (c)）．

つぎに (iii) の写像 $w = 1/z$ を考える．$z = re^{\mathrm{i}\theta}$ ($\neq 0$) とおくと

$$\frac{1}{\bar{z}} = \frac{1}{r}e^{\mathrm{i}\theta}, \qquad \frac{1}{z} = \frac{1}{r}e^{-\mathrm{i}\theta} \tag{7.12}$$

となる．よって，z, $1/\bar{z}$, $1/z$ を表す z 平面上の点をそれぞれ P, Q, R とすると，

7.2 1 次 変 換　　111

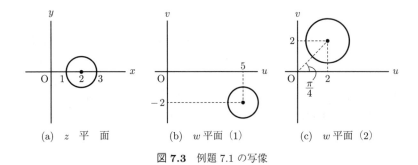

(a) z 平面　　(b) w 平面 (1)　　(c) w 平面 (2)

図 **7.3**　例題 7.1 の写像

点 P と点 Q は原点を始点とする半直線上にあり，$\overline{\mathrm{OP}} \cdot \overline{\mathrm{OQ}} = 1$ を満たす．すなわち，2 点 P, Q は単位円 $|z| = 1$ に関して鏡像の位置にある（図 **7.4** 参照，定理 7.3 で解説）．また，2 点 Q, R は実軸に関して鏡像（実軸に関して線対称）の位置にある．したがって，$w = 1/z$ は単位円に関する鏡像と実軸に関する鏡像の合成である（反転といわれる）． ◇

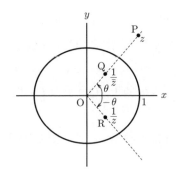

図 **7.4**　鏡像の説明図

以上のことから，1 次変換についてつぎの性質が示せる．

定理 7.2（円円対応）　　z 平面上の円は 1 次変換によって w 平面上の円にうつされる．ここで，直線は半径無限大の円と見なす．

【証明】　1 次変換は式 (7.11) の三つの 1 次変換の合成で表されるから，そのおのおので定理の主張が成り立つことをいえばよい．(i), (ii) の場合，円は円にうつり，直線は直線にうつる．このことは幾何学的に明らかである．(iii) の場合を示そう．まず z 平面上の円または直線の方程式を求めておく．x–y 平面上の円または直線の

方程式は

$$A(x^2+y^2)+Bx+Cy+D=0 \quad (A,B,C,D\in\mathbb{R};\ B^2+C^2>4AD) \tag{7.13}$$

である†。$x+\mathrm{i}y=z$ として $x^2+y^2=z\overline{z}$, $x=(1/2)(z+\overline{z})$, $y=(1/2\mathrm{i})(z-\overline{z})$ などの関係を式 (7.13) に代入すると，$\alpha=A$, $\beta=B/2+C/2\mathrm{i}$, $\gamma=D$ とおいて

$$\alpha z\overline{z}+\beta z+\overline{\beta}\overline{z}+\gamma=0 \quad (\alpha,\gamma\in\mathbb{R};\ \beta\overline{\beta}>\alpha\gamma) \tag{7.14}$$

となる。これが z 平面における円または直線の方程式である。そこで，式 (7.14) に $z=1/w$ を代入すると

$$\gamma w\overline{w}+\overline{\beta}w+\beta\overline{w}+\alpha=0 \quad (\gamma,\alpha\in\mathbb{R};\ \overline{\beta}\beta>\gamma\alpha) \tag{7.15}$$

となり，これは w 平面上の円または直線を表す。したがって，(iii) の変換についても定理の主張が成り立つ。◇

つぎに鏡像について述べる。座標平面上の 2 点 P, Q が点 O を中心とする半径 r の円 C に関して鏡像の位置にあるとは，点 P, Q が点 O を始点とする半直線上にあり，さらに $\overline{\mathrm{OP}}\cdot\overline{\mathrm{OQ}}=r^2$ が成り立つときにいう。また，点 P, Q が直線 L に関して鏡像の位置にあるとは，点 P, Q が直線 L に関して線対称な位置にあるときにいう。

複素平面上の 2 点 z_1, z_2 が円 $C:|z-\alpha|=r$ に関して鏡像の位置にあるとき，定義から

$$(z_1-\alpha)(\overline{z_2}-\overline{\alpha})=r^2 \tag{7.16}$$

が成り立つ。C 上の点 z について $z-\alpha=re^{\mathrm{i}\theta}$ とおき，また $z_1-\alpha=\rho e^{\mathrm{i}t}$ ($\rho=|z_1-\alpha|$) とおくと，式 (7.16) より $z_2-\alpha=(r^2/\rho)e^{\mathrm{i}t}$ となる。そこで

---

† $A\neq 0$ のときは円，$A=0$ のときは直線を表す。また，$A\neq 0$ のとき，式 (7.13) は

$$\left(x+\frac{B}{2A}\right)^2+\left(y+\frac{C}{2A}\right)^2=\frac{B^2+C^2-4AD}{4A^2}$$

と等価であるので，これが円であるためには，その半径が正でなければならないため，$B^2+C^2-4AD>0$ の条件が必要になる。

$|z-z_1|$ と $|z-z_2|$ の比を計算してみると

$$\left|\frac{z-z_1}{z-z_2}\right| = \left|\frac{re^{i\theta}-\rho e^{it}}{re^{i\theta}-(r^2/\rho)e^{it}}\right| = \frac{\rho}{r}\left|\frac{re^{i\theta}-\rho e^{it}}{\rho e^{i\theta}-re^{it}}\right| = \frac{\rho}{r} \tag{7.17}$$

となって，比は一定であることがわかる．

一般に z_1, z_2 を複素数，k を正の実数とするとき，方程式

$$\left|\frac{z-z_1}{z-z_2}\right| = k \tag{7.18}$$

の表す図形は **Apollonius の円**といわれる．$k \neq 1$ のとき，式 (7.18) から Apollonius の円は中心 $(z_1-k^2z_2)/(1-k^2)$，半径 $(k|z_1-z_2|)/|1-k^2|$ の円であることがわかる．逆に式 (7.18) が与えられたとき ($k \neq 1$)

$$z_1 - \frac{z_1-k^2z_2}{1-k^2} = \frac{k^2(z_2-z_1)}{1-k^2}, \quad \overline{z_2} - \overline{\left(\frac{z_1-k^2z_2}{1-k^2}\right)} = \overline{\frac{z_2-z_1}{1-k^2}} \tag{7.19}$$

より

$$\left(z_1 - \frac{z_1-k^2z_2}{1-k^2}\right)\left(\overline{z_2} - \overline{\left(\frac{z_1-k^2z_2}{1-k^2}\right)}\right) = \left(\frac{k|z_2-z_1|}{|1-k^2|}\right)^2 \tag{7.20}$$

となって式 (7.16) が満たされるから，Apollonius の円（式 (7.18)）に関して z_1, z_2 は鏡像の位置にあることがわかる．したがって，z_1, z_2 を鏡像の対とする円は Apollonius の円であることがわかる．また，$k=1$ のとき，式 (7.18) は z_1 と z_2 を結ぶ線分の垂直二等分線を表す．このことから，直線に関する鏡像も Apollonius の円によって表されることがわかる．

定理 7.3（鏡像の原理） 1 次変換（式 (7.7)）によって，z 平面上の円 C が w 平面上の円 Γ に写像されるとき，円 C に関して鏡像の位置にある 2 点は，式 (7.7) によって，Γ に関して鏡像の位置にある 2 点に写像される．ここで円は直線を含むとする．

【証明】 2 点 z_1, z_2 が円 C に関して鏡像の位置にあるとする．このとき C 上の

114   7. 等 角 写 像

点 z は

$$\left|\frac{z-z_1}{z-z_2}\right| = k \tag{7.21}$$

を満たす。z_1, z_2 が式 (7.7) によって w_1, w_2 にうつされるとすると，C 上の点 z に対応する Γ 上の点 w は

$$\begin{aligned}\left|\frac{w-w_1}{w-w_2}\right| &= \left|\frac{(az+b)/(cz+d) - (az_1+b)/(cz_1+d)}{(az+b)/(cz+d) - (az_2+b)/(cz_2+d)}\right| \\ &= \left|\frac{cz_2+d}{cz_1+d}\right|\left|\frac{z-z_1}{z-z_2}\right| = k\left|\frac{cz_2+d}{cz_1+d}\right|. \end{aligned} \tag{7.22}$$

すなわち，

$$\left|\frac{w-w_1}{w-w_2}\right| = k', \qquad k' = k\left|\frac{cz_2+d}{cz_1+d}\right| \tag{7.23}$$

を満たす。したがって，円 Γ は Apollonius の円であって，w_1 と w_2 は Γ に関して鏡像の位置にある。 ◇

例題 7.2　α を $|\alpha|<1$ を満たす複素数とするとき，1 次変換

$$w = \frac{z-\alpha}{1-\overline{\alpha}z} \tag{7.24}$$

は単位開円板 $|z|<1$ を単位開円板 $|w|<1$ にうつすことを示せ。

【解説】　$|z|<1$ とする。このとき

$$\begin{aligned}1 - |w|^2 &= 1 - \left|\frac{z-\alpha}{1-\overline{\alpha}z}\right|^2 \\ &= \frac{|1-\overline{\alpha}z|^2 - |z-\alpha|^2}{|1-\overline{\alpha}z|^2} \\ &= \frac{(1-\overline{\alpha}z)(1-\alpha\overline{z}) - (z-\alpha)(\overline{z}-\overline{\alpha})}{|1-\overline{\alpha}z|^2} \\ &= \frac{(1-|\alpha|^2)(1-|z|^2)}{|1-\overline{\alpha}z|^2} \end{aligned} \tag{7.25}$$

より

$$1 - |w|^2 = \frac{(1-|\alpha|^2)(1-|z|^2)}{|1-\overline{\alpha}z|^2} > 0 \tag{7.26}$$

となって, $|w| < 1$ が得られる. なお, 式 (7.26) より単位円 $|z| = 1$ は単位円 $|w| = 1$ に, 単位円の外部 $|z| > 1$ は単位円の外部 $|w| > 1$ にそれぞれうつされることもわかる. ◇

章 末 問 題

【1】 1 次変換式 (7.7) の逆変換は 1 次変換 $z = f^{-1}(w) = (-dw + b)/(cw - a)$ であることを示せ.

【2】 Apollonius の円 $|(z - z_1)/(z - z_2)| = k$ は $k \neq 1$ のとき, 中心 $(z_1 - k^2 z_2)/(1 - k^2)$, 半径 $k|z_1 - z_2|/|1 - k^2|$ の円であることを示せ. また $k = 1$ のとき, 2 点 z_1, z_2 を結ぶ線分の垂直二等分線であることを示せ.

【3】 例題 7.2 の 1 次変換式 (7.24) について

$$\left|\frac{dw}{dz}\right| = \frac{1 - |w|^2}{1 - |z|^2} \tag{7.27}$$

が成り立つことを示せ (ヒント: 1 章章末問題【6】(2) を用いよ).

【4】 α が $\operatorname{Im} \alpha > 0$ を満たす複素数であるとき, 1 次変換 $w = (z - \alpha)/(z - \overline{\alpha})$ は上半平面 $\operatorname{Im} z > 0$ を単位円板 $|w| < 1$ にうつすことを示せ.

【5】 a, b, c, d を $ad - bc > 0$ を満たす実数とする. このとき, 1 次変換 $w = (az + b)/(cz + d)$ は上半平面 $\operatorname{Im} z > 0$ を上半平面 $\operatorname{Im} w > 0$ にうつすことを示せ.

【6】 z_1, z_2, z_3, z_4 を平面上の異なる 4 点とする. 1 次変換 $w = (az + b)/(cz + d)$ によって, 点 z_1, z_2, z_3, z_4 が点 w_1, w_2, w_3, w_4 に対応するとき, つぎの式が成り立つことを示せ ($(z_1 - z_3)(z_2 - z_4)/(z_1 - z_4)(z_2 - z_3)$ を 4 点 z_1, z_2, z_3, z_4 の非調和比といい, (z_1, z_2, z_3, z_4) と表す).

$$\frac{(w_1 - w_3)(w_2 - w_4)}{(w_1 - w_4)(w_2 - w_3)} = \frac{(z_1 - z_3)(z_2 - z_4)}{(z_1 - z_4)(z_2 - z_3)} \tag{7.28}$$

第 II 部　流体力学と熱力学への応用

8 章　流体力学の基礎

8.1　流体の分類

　複素関数の応用として，非圧縮性渦なしの流体について解説（9，10 章）するが，その予備知識として本章では，流体とその運動方程式について概観する。

　流体力学はラムの名著『Hydrodynamics』[18][†1]が嚆矢である。同著は，ポテンシャル論が中心で古典流体力学[†2]の大勢をもの語っており，いまでも完全流体に関する重要な教育の一環を担っている。完全流体は，粘性流体のような実在流体に比べ，重要性が低いと想われがちであるが，理論的な重要性があることは間違いなく，また，数学との関連において色あせることはなく，現在でもその扱いをおろそかにすべきではない。流体とは気体と液体の総称であり，これらを連続体として扱うのが流体力学である[†3]。流体力学は，航空機翼の設計，船舶の耐航性能，気象予測など多くの分野で社会生活との関わりにおいて重要な位置を占めている。また，数学の研究対象としても粘性流体の動態を記述する Navier-Stokes[†4]方程式の解の存在となめらかさについての問題は未解決[†5]で

[†1] カルフォルニア大学図書館がスポンサーになり初版がデジタル化されて，https://archive.org/ （2019 年 6 月現在）から無料で入手できる。
[†2] 境界層理論や乱流については，Prandtl の出現を待たざるを得なかった。
[†3] したがって，流体の分子的な構造は無視している。
[†4] Claude L.M.H. Navier（フランスの土木技術者：1785～1836 年）が提唱，後に George G. Stokes（アイルランドの数学者：1819～1903 年）が Navier-Stokes 方程式として一般化し，その功績により 2 人の名前を冠している。
[†5] 素数に関したリーマン予想（Riemann hypothesis）とともに，ミレニアム問題の一つになっている。問題を定式化した文書は，つぎの WEB 上で見ることができる。http://www.claymath.org/sites/default/files/navierstokes.pdf （2019 年 6 月現在）

あり，多くの数学者が現在も取り組んでいる．

流体は粘性の有無により

$$\begin{cases} 粘性流体（viscous fluid）\cdots 実在流体といわれる \\ 非粘性流体（inviscid fluid）\cdots 完全流体といわれる \end{cases}$$

に分けられ，また，縮む・縮まないにより

$$\begin{cases} 圧縮性流体（compressible fluid）\cdots 密度が変化する \\ 非圧縮性流体（imcompressible fluid）\cdots 密度が定数 \end{cases}$$

に分類される[†1]．さらに，渦の有無により

$$\begin{cases} 渦ありの流れ（vortex flow） \\ 渦なしの流れ（irrotational flow） \end{cases}$$

と分けられる．

8.2 Navier-Stokes 方程式

Navier-Stokes 方程式（Navier-Stokes equation）は粘性により生ずる応力と流体の運動である変形速度を関係づけた運動方程式であり，流体力学において決定的な役割を果たすが，特殊な条件下以外ではその非線形性のため解析解を得ることはほとんど不可能である．そのため，現象の把握には数値解法[†2]に頼らざるを得ないといっても過言ではない．本書では詳しく扱うことはできないが，非圧縮性流体の Navier-Stokes 方程式は，t を時刻，x, y, z を位置座標，ρ を流体の密度とし

[†1] 厳密には **Lagrange 微分**（Lagrange derivative）$D\rho/Dt = 0$（式 (8.4) の脚注参照）が成り立てば非圧縮であるが，多くの場合 $\rho = $ 定数を非圧縮と解する．

[†2] 流体の解析には**有限要素法**（finite element method）や**有限体積法**（finite volume method）などがよく用いられる．これらの数値計算手法を駆使して，流体の解析やシミュレーションを総称して**数値流体力学**（computational fluid dynamics：CFD）という．参考文献6) などを参照．

$$\bm{v} = (u(t,x,y,z),\ v(t,x,y,z),\ w(t,x,y,z))$$

を速度ベクトル[†1]，$p = p(t,x,y,z)$ を圧力，$\bm{f} = (f_x, f_y, f_z)$ を単位質量当りの**体積力**（または外力，volume force）としたとき

$$\frac{\partial \bm{v}}{\partial t} + (\bm{v}\cdot\nabla)\bm{v} = -\frac{1}{\rho}\nabla p + \nu\Delta\bm{v} + \bm{f} \tag{8.1}$$

で表すことができる。ここで，ν は**動粘性係数**（kinematic viscosity）といわれ，**力学的粘性係数**（dynamic viscosity）μ を使い $\nu = \mu/\rho$ と表せる。非圧縮性流体では密度 ρ が一定のため，その連続の方程式（equation of continuity）は

$$\mathrm{div}\,\bm{v} = 0 \tag{8.2}$$

となる[†2]。式 (8.1) と式 (8.2) を合わせて Navier-Stokes 方程式ということもある。

　非圧縮性流体力学では低速の流れを扱う。例えば，航空機翼まわりの空気の流れを考えるとき，その流体速度が遅い場合には，密度が変化しない流れと考えても支障はない。通常，流体速度として，Ma[†3]が 0.3 以下であれば圧縮性の影響は無視できる[†4]。巡航速度が**亜音速**（subsonic speed）[†5]の航空機でも安全快適に着陸する必要があり，したがって，低速の流れを扱う非圧縮性流体力学の重要性はここにある。

8.3　Euler の運動方程式

　完全流体の動態は密度 $\rho = \rho(t,x,y,z)$ として連続の方程式[†6]

[†1]　$u,\ v,\ w$ は流体の速度ベクトルの $x,\ y,\ z$ 方向のそれぞれの成分を表す。
[†2]　式 (8.3) において密度 ρ を一定としたもの。
[†3]　マッハ数。U を相対速度，a を音速とすると，$\mathrm{Ma} = U/a$ である。
[†4]　このとき，密度の変化は 5%以下である。
[†5]　Ma がおおむね 0.3 以上 1 以下。Boing 787 の巡航速度は $Ma = 0.85$ である。
[†6]　式 (8.3) は
$$\frac{\mathrm{d}\rho}{\mathrm{d}t} + \rho\,\mathrm{div}\,\bm{v} = 0$$
とも書ける。

8.3 Eulerの運動方程式

$$\frac{\partial \rho}{\partial t} + \text{div}\, \rho \boldsymbol{v} = 0 \tag{8.3}$$

とEulerの運動方程式

$$\frac{\partial \boldsymbol{v}}{\partial t} + (\boldsymbol{v} \cdot \nabla)\boldsymbol{v} = -\frac{1}{\rho}\nabla p + \boldsymbol{f} \tag{8.4}$$

によって記述される[†1]。式 (8.4) の左辺は

$$\frac{\partial \boldsymbol{v}}{\partial t} + (\boldsymbol{v} \cdot \nabla)\boldsymbol{v} = \frac{\partial \boldsymbol{v}}{\partial t} + \nabla \frac{q^2}{2} - \boldsymbol{v} \times \text{rot}\, \boldsymbol{v} \tag{8.5}$$

と書くことができる[†2]。ここに，$q = |\boldsymbol{v}|$ である。

$$\omega = \text{rot}\, \boldsymbol{v} \tag{8.6}$$

を**渦度**（vorticity）という。したがって，式 (8.4) は

$$\frac{\partial \boldsymbol{v}}{\partial t} = -\frac{1}{\rho}\nabla p - \nabla \frac{q^2}{2} + \boldsymbol{v} \times \omega + \boldsymbol{f} \tag{8.7}$$

となる。さらに，つぎの二つの仮定を設ける。

(1) 外力は保存力のみである。
(2) 密度 ρ は圧力 p だけの関数（$\rho = \rho(p)$）である[†3]。

(1) の仮定は，ポテンシャル Ω を用いて

$$\boldsymbol{f} = -\nabla \Omega \tag{8.8}$$

と書くことができる。また，(2) の仮定より P を

[†1] 式 (8.1) において動粘性係数がかかった項を無視したもの。式 (8.4) は **Lagrange 微分**

$$\frac{\mathrm{D}}{\mathrm{D}t} \triangleq \frac{\partial}{\partial t} + (\boldsymbol{v} \cdot \nabla) = \frac{\partial}{\partial t} + u\frac{\partial}{\partial x} + v\frac{\partial}{\partial y} + w\frac{\partial}{\partial z}$$

を使えば

$$\frac{\mathrm{D}\boldsymbol{v}}{\mathrm{D}t} = -\frac{1}{\rho}\nabla p + \boldsymbol{f}$$

と表せる。$\mathrm{D}\boldsymbol{v}/\mathrm{D}t$ は流体の加速度を意味する。流体力学では式 (8.4) より上式のほうがよく利用される。

[†2] 式 (13.12) において $\boldsymbol{A} = \boldsymbol{B} = \boldsymbol{v}$ とすればよい。
[†3] (2) の仮定が成り立つ流体を**バロトロピー流体**（barotropic fluid）という。

8. 流体力学の基礎

$$P = \int_{p_0}^{p} \frac{\mathrm{d}\chi}{\rho(\chi)} \tag{8.9}$$

と定義すれば，この P も p の関数となる．したがって，$\mathrm{d}P = (1/\rho)\mathrm{d}p$ を得て，$\mathrm{d}\boldsymbol{r} = (\mathrm{d}x, \mathrm{d}y, \mathrm{d}z)$ より

$$\nabla P \cdot \mathrm{d}\boldsymbol{r} = \frac{1}{\rho}\nabla p \cdot \mathrm{d}\boldsymbol{r}$$

が得られ，$\mathrm{d}\boldsymbol{r}$ は任意であるから

$$\nabla P = \frac{1}{\rho}\nabla p \tag{8.10}$$

を得る．式 (8.8) と式 (8.10) を式 (8.7) に代入すると

$$\frac{\partial \boldsymbol{v}}{\partial t} = -\nabla\left(\frac{q^2}{2} + P + \Omega\right) + \boldsymbol{v} \times \boldsymbol{\omega} \tag{8.11}$$

となる．式 (8.11) が完全流体の Euler の運動方程式を書き下したものになる．

式 (8.11) において定常流 $\partial \boldsymbol{v}/\partial t = 0$ を考えれば

$$\nabla\left(\frac{q^2}{2} + P + \Omega\right) = \boldsymbol{v} \times \boldsymbol{\omega} \tag{8.12}$$

となり，**Bernoulli の定理**[†1]（Bernoulli's principle）

$$\frac{q^2}{2} + P + \Omega = \mathrm{const.} \tag{8.13}$$

が導かれる[†2]．広く Bernoulli の定理といわれているのは，非圧縮流 $(P = p/\rho)$ で保存外力が重力の場合であり，すなわち

$$\frac{1}{2}\rho q^2 + p + \rho g z = \mathrm{const.} \tag{8.14}$$

である．ここに，g は重力加速度，z は鉛直上向き座標である．

さらに，式 (8.11) において非圧縮渦なし流としたものが 9 章で述べるポテンシャル流である．

[†1] Naniel Bernoulli（1700〜1782 年）：スイスの数学者・物理学者であり，この定理は 1738 年に発表された．方程式から導いたのは Euler である．式 (8.13) は流体の力学的エネルギー保存則を与えており，この左辺を Bernoulli 関数と呼ぶことがある．Pitot 管（航空機の対気速度を測る静圧管）はこの定理を応用したものであるが，発明されたのは定理が発表された以前（1732 年）であった．

[†2] 式 (8.12) 右辺は $\boldsymbol{v} \times \boldsymbol{\omega}$ であるから，流線（$\boldsymbol{v}$ の方向）と渦線（$\boldsymbol{\omega}$ の方向）に沿って $\nabla = 0$ となる．したがって，式 (8.13) は流線または渦線に沿って成り立つ．

9章 ポテンシャル流

9.1 非圧縮渦なしの流れ

本節では，非圧縮渦なしの流れを考えよう．非圧縮渦なしの流れは，粘性と渦度を無視した流れであり，**ポテンシャル流**（potential flow）といわれる[†1]．

非圧縮性渦なしの流体では，複素速度ポテンシャル（式 (9.17)）が定義できて，**2 次元流れ**（plane flow）の場合，その速度ポテンシャルと流線関数がCauchy-Riemann の方程式を満たすことがわかるであろう．すなわち，Cauchy-Riemann の方程式の成立は，流体力学では非圧縮性渦なしの流体であることと等価になる[†2]．

さて，非圧縮性の流れは密度 ρ が一定であるので，式 (8.9) は

$$P = \frac{p}{\rho} + \text{const.} \tag{9.1}$$

となる．さらに，渦なしの流れでは

$$\omega = \text{rot}\,\boldsymbol{v} = 0 \tag{9.2}$$

であるので，これより速度ベクトルはスカラー関数 $\Phi(t,x,y,z)$ を用いて

[†1] ポテンシャル流は，粘性も渦度も無視しており，一見非常に特殊な状況下での流れのように見えるが，航空機まわりの流れも機体表面付近を除いてほとんどポテンシャル流と考えて差し支えない．実際には，胴体や翼などの表面付近には粘性の効いた境界層が発生するが，これは非常に薄い層になる．したがって，翼に作用する圧力はポテンシャル流から得られた圧力（式 (9.4)）で代用可能であり，これにより揚力も計算できる．
[†2] 数学と工学（流体力学）の美しい関係がここにある．

$$\boldsymbol{v} = \nabla \varPhi \tag{9.3}$$

と表すことができる[†1]。$\varPhi$ を**速度ポテンシャル** (velocity potential) という。式 (9.1)〜(9.3) を式 (8.11) に代入して位置で積分すれば

$$\frac{\partial \varPhi}{\partial t} + \frac{p}{\rho} + \varOmega + \frac{q^2}{2} = g(t) \tag{9.4}$$

を得る。ここに,$g(t)$ は境界条件などにより決まる t の関数である。式 (9.4) が非圧縮渦なしの流れの**圧力方程式** (pressure equation, Bernoulli equation)[†2] である。

非圧縮性の流れの連続の方程式は,式 (8.2)

$$\mathrm{div}\,\boldsymbol{v} = 0$$

であるので,この式に式 (9.3) を代入すると,$\mathrm{div}\cdot(\nabla\varPhi) = 0$ より

$$\Delta\varPhi = 0 \tag{9.5}$$

を得る。あるいは,書き下すとつぎのようになる。

$$\varPhi_{xx} + \varPhi_{yy} + \varPhi_{zz} = 0. \tag{9.6}$$

式 (9.5) または式 (9.6) は **Laplace の方程式** (Laplace equation) である。したがって,Laplace の方程式 (9.5) を解いて得られる $\varPhi$ を圧力方程式 (9.4) に代入すれば,圧力 p を得ることができる。

注意 9.1 Laplace の方程式 (9.6) には独立変数 t が陽には現れないことに注意する必要がある。$\varPhi$ は定常流でも非定常流でも同じになるが,圧力分布はまったく異なるものになる。 ◇

注意 9.2 式 (9.2) の成立と速度ベクトルが式 (9.3) で表せられることは必要十分の関係にある。式 (9.3) ならば式 (9.2) であることは,直接的な計算で容易にわ

[†1] $\mathrm{rot}(\nabla\varPhi) \equiv 0$ は恒等式。式 (13.10) 参照。
[†2] 一般化された Bernoulli の定理である。

かる。逆に，式 (9.2) が成立すれば，**Stokes の定理**[†1]（Stokes' integral theorem）より

$$\oint_C \boldsymbol{v} \cdot \mathrm{d}l = 0 \tag{9.7}$$

が得られ，閉曲線 C 上に原点 O と P(x,y,z) をとると

$$\tilde{\Phi}(x,y,z) = \int_{\mathrm{O}}^{\mathrm{P}} \boldsymbol{v} \cdot \mathrm{d}l \tag{9.8}$$

と書ける関数 $\tilde{\Phi}$ が存在する[†2]。式 (9.8) の両辺を微分して

$$\mathrm{d}\tilde{\Phi} = \boldsymbol{v} \cdot \mathrm{d}l = u\,\mathrm{d}x + v\,\mathrm{d}y + w\,\mathrm{d}z$$

を得る。また，$\tilde{\Phi}$ の全微分は

$$\mathrm{d}\tilde{\Phi} = \tilde{\Phi}_x \mathrm{d}x + \tilde{\Phi}_y \mathrm{d}y + \tilde{\Phi}_z \mathrm{d}z$$

であることより，これら 2 式より速度成分である u, v, w はそれぞれ

$$u = \tilde{\Phi}_x, \qquad v = \tilde{\Phi}_y, \qquad w = \tilde{\Phi}_z$$

と書くことができ，結局 $\tilde{\Phi} = \Phi$ となる。　　　　　　　　　　　　◇

具体的なポテンシャル流を考察する前に流線について解説する。

9.2　流　　　　線

以後，x–y 面での 2 次元[†3]定常流体[†4]で議論を進めることにする。すなわち，定常 2 次元ポテンシャル流を扱う。非圧縮であるため連続の式は式 (8.2) であるが，2 次元では

[†1] 単純閉曲線を C，それを縁とする曲面を S，S の各点での外向き単位法線ベクトルを $\boldsymbol{n}$ とすると

$$\int_S \mathrm{rot}\,\boldsymbol{v} \cdot \boldsymbol{n}\mathrm{d}S = \oint_C \boldsymbol{v} \cdot \mathrm{d}l$$

が成り立つ。この面積分と線積分の関係が Stokes の定理である。なお，積分記号 $\oint_C$ は 5 章では単に $\int_C$ で表記したが，同じ意味である。

[†2] ここでは定常流として扱っているので，x, y, z の関数となる。

[†3] 実際，流線関数は 3 次元流体では定義できない。

[†4] 定常流は流体の速度が t によらず，座標 x, y だけの関数である。

$$\operatorname{div} \boldsymbol{v} = u_x + v_y = 0 \tag{9.9}$$

となる．式 (9.9) を領域 D 上で積分すると，**Gauss の定理** (Gauss' theorem)[†] により

$$\oint_C (-v\,\mathrm{d}x + u\,\mathrm{d}y) = 0 \tag{9.10}$$

を得る．ここで，$\boldsymbol{w} = (-v, u)$ とすると，式 (9.7) と同様な関係式

$$\oint_C \boldsymbol{w} \cdot \mathrm{d}l = 0 \tag{9.11}$$

を得ることができる．9.1 節と同様の議論により，式 (9.8) に相当する

$$\Psi(x, y) = \int_O^P \boldsymbol{w} \cdot \mathrm{d}l = \int_{(0,0)}^{(x,y)} (-v\,\mathrm{d}x + u\,\mathrm{d}y) \tag{9.12}$$

と書ける関数 Ψ が存在することがわかる．ここで，関数 Ψ の微分をとると

$$\mathrm{d}\Psi = -v\,\mathrm{d}x + u\,\mathrm{d}y$$

となり，また，同時にその全微分は

$$\mathrm{d}\Psi = \Psi_x\,\mathrm{d}x + \Psi_y\,\mathrm{d}y$$

であるから，両者を比較して

$$u = \Psi_y, \qquad v = -\Psi_x \tag{9.13}$$

を得る．このようにして，関数 Ψ からも速度ベクトル (u, v) を得ることができる．さらに，関数 Ψ は Laplace の方程式

$$\Psi_{xx} + \Psi_{yy} = 0 \tag{9.14}$$

[†] 2 次元の Gauss の定理は，$f(x, y)$ を微分可能なベクトル場，D および C をそれぞれ 2 次元領域，D を囲む閉曲線とすると

$$\iint_D \left(\frac{\partial f_x}{\partial x} + \frac{\partial f_y}{\partial y} \right) \mathrm{d}x\mathrm{d}y = \oint_C (-f_y\,\mathrm{d}x + f_x\,\mathrm{d}y) = 0$$

が成立することをいう．上式最初の「=」は Green の定理 5.4 である．

を満足する（章末問題【1】）。

$\Psi(x,y) = \text{const.}$ は一つの曲線を定め，この曲線を**流線** (stream line)，関数 $\Psi(x,y)$ を**流線関数** (stream function) という。この流線を決める方程式は，$\mathrm{d}\Psi = 0$ であり，すなわち，$\mathrm{d}x/u = \mathrm{d}y/v$ となる。

また，速度ポテンシャルと流線が形成するそれぞれの曲線群は，たがいに直交していることがつぎのようにわかる。速度ポテンシャルの曲線群に対する法線方向は

$$\mathrm{grad}\,\Phi = (\Phi_x, \Phi_y) = (u, v)$$

であり，また，流線の曲線群に対する法線方向は，式 (9.13) より

$$\mathrm{grad}\,\Psi = (\Psi_x, \Psi_y) = (-v, u)$$

となる。したがって，これらより

$$\mathrm{grad}\,\Phi \cdot \mathrm{grad}\,\Psi = u(-v) + vu = 0 \tag{9.15}$$

となり，すなわち，$\mathrm{grad}\,\Phi \perp \mathrm{grad}\,\Psi$ である。この事実は，後ほど等角写像を用いて一般的に示される。

9.3 複素ポテンシャル

さて，以上のように非圧縮性渦なしの流体では，速度ポテンシャル Φ より速度ベクトルの各成分は $u = \Phi_x$, $v = \Phi_y$ となり，一方，流線関数 Ψ からは $u = \Psi_y$, $v = -\Psi_x$ を得る。したがって，Φ と Ψ の間には

$$\Phi_x = \Psi_y, \qquad \Phi_y = -\Psi_x \tag{9.16}$$

の関係があることがわかる。これは，複素変数 $z = x + \mathrm{i}y$ を導入し，複素関数

$$F(z) = \Phi(x,y) + \mathrm{i}\Psi(x,y) \tag{9.17}$$

を定義すると，式 (9.16) は Cauchy-Riemann の方程式 (3.5) そのものになる。よって，速度ポテンシャルと流線関数により定義された複素関数（式 (9.17)）は，ある領域 D で正則関数であることが示されている。

複素関数の導関数は微分の方向によらない（3.1 節）ので，式 (9.17) より

$$\frac{\mathrm{d}F}{\mathrm{d}z} = \frac{\partial F}{\partial x} = \frac{\partial \Phi}{\partial x} + \mathrm{i}\frac{\partial \Psi}{\partial x} = u - \mathrm{i}v \tag{9.18}$$

となる。したがって，速度ベクトルの各成分 u, v は

$$u = \mathrm{Re}\left(\frac{\mathrm{d}F}{\mathrm{d}z}\right), \quad v = -\mathrm{Im}\left(\frac{\mathrm{d}F}{\mathrm{d}z}\right) \tag{9.19}$$

と書くことができるので，$u - \mathrm{i}v$ はいわば**複素速度**というべきものである。これより，式 (9.17) の F を**複素速度ポテンシャル**（complex velocity potential）という。

要約すると，複素速度ポテンシャルにおいて Cauchy-Riemann の関係式が成立する（すなわち，正則関数である）ことは，流体力学ではポテンシャル流（非圧縮性渦なしの流体）であることと等価である，という美しい関係が得られる。

複素速度ポテンシャルが Cauchy-Riemann の方程式を満足 $\rightleftharpoons$ ポテンシャル流

10 章にて，2 次元ポテンシャル流れの代表的なものを紹介して正則関数，等角写像などとの関連について述べる。

章 末 問 題

【1】 関数 Ψ が Laplace の方程式 (9.14) を満たすことを証明せよ（ヒント：$\boldsymbol{v} = (\Psi_y, -\Psi_x)$ であり，渦なしの条件 $\mathrm{rot}\,\boldsymbol{v} = 0$ を使う）。

10章 2次元ポテンシャル流れ

10.1 一様流

つぎの複素速度ポテンシャル W

$$W = F(z) = Ue^{-i\alpha}z \quad \left(U \text{ は実定数}, 0 \leqq \alpha < \frac{\pi}{2}\right) \tag{10.1}$$

を考える[†]。式 (9.19) より速度ベクトルの各成分は

$$u = \text{Re}\left(\frac{dF}{dz}\right) = U\cos\alpha, \qquad v = -\text{Im}\left(\frac{dF}{dz}\right) = U\sin\alpha \tag{10.2}$$

となる。したがって，この複素速度ポテンシャルの意味する流れは速度の絶対値が $\sqrt{u^2+v^2} = U$ であり，x 軸との傾きが α の一様流を表している。

注意 10.1 一様流を天下り的に式 (10.1) で与えたが，つぎのように導くことができる。速度の絶対値を U として，x 軸との傾きが α の一様流の速度 $\boldsymbol{v}$ の x，y 成分をそれぞれ u，v とすると，$u = U\cos\alpha$，$v = U\sin\alpha$ である。ここで，この流れの複素速度ポテンシャルを $F(z)$ とすると，$u = \text{Re}(dF/dz)$，$v = -\text{Im}(dF/dz)$ で与えられるので，これらより容易に $F(z) = (U\cos\alpha - iU\sin\alpha)z$ が得られ，これは式 (10.1) である。 ◇

複素速度ポテンシャル W を速度ポテンシャル Φ と流線関数 Ψ に分解する ($W = \Phi + i\Psi$) と

$$\Phi = U\cos\alpha(x + y\tan\alpha), \qquad \Psi = U\cos\alpha(y - x\tan\alpha) \tag{10.3}$$

[†] 式 (10.1) は 1 次関数であり，最も簡単な正則関数である。

となる。流線は $\Psi(x,y) = c_1$（実定数）により与えられ，また，等ポテンシャル線は $\Phi(x,y) = c_2$（実定数）により与えられる[†1]。W（$=\Phi + \mathrm{i}\Psi$）面で見ると，$\Psi = c_1$ と $\Phi = c_2$ は直交している直線群となる。$F^{-1}(W)$ によりこれらの直線群を z 面に写像したものが流線と速度ポテンシャル線の等値線になる（図 **10.1**）。この写像は 7.2 節で解説した等角写像である。したがって，W 上での直線群は直交しているので，z 面に写像された曲線群（この場合は直線群）も直交することになる。

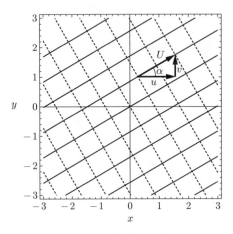

図 **10.1** 一様流：流線 Ψ（実線）と速度ポテンシャル Φ
（破線）の等値線（式 (10.1) で $\alpha = \pi/6$ としている）

なお，速度ポテンシャル Φ と流線関数 Ψ は，Laplace の方程式 $\Phi_{xx} + \Phi_{yy} = 0$，$\Psi_{xx} + \Psi_{yy} = 0$ を満たすことは容易にわかる。

10.2　円柱まわりの一様流

つぎに，速度 U の一様流中に半径 a の円柱[†2]をおいたとき，そのまわりの流れ場がどのようになるかを見ていくことにする。円柱まわりの流れは，円柱を

[†1] $\Psi(x,y) = c_1$ が形成する直線群は $y - x\tan\alpha = \mathrm{const.}$，$\Phi(x,y) = c_2$ が形成する直線群は $x + y\tan\alpha = \mathrm{const.}$ である。
[†2] 円柱の中心は座標原点に一致させる。

10.2 円柱まわりの一様流

変換して任意の翼形状まわりの流れを得ることができ（10.3.2 項で後述），2 次元流の基礎となる．

天下り的であるが[†1]，その複素速度ポテンシャル W は

$$W = F(z) = U\left(z + \frac{a^2}{z}\right) \tag{10.4}$$

で表せる[†2]．式 (10.4) に $z = re^{i\theta}$ を代入し，複素速度ポテンシャル W から速度ポテンシャル Φ と流線関数 Ψ は容易に

$$\Phi = U\left(r + \frac{a^2}{r}\right)\cos\theta, \qquad \Psi = U\left(r - \frac{a^2}{r}\right)\sin\theta \tag{10.5}$$

と求まる．流線は $\Psi(r,\theta) = c_1$（定数）により与えられ，また，等速度ポテンシャル線は $\Phi(r,\theta) = c_2$（定数）により与えられる．W 面では Ψ と Φ は直交している直線群であるが，等角写像により z 面に写像（$F^{-1}(W)$）された曲線群も直交することになる（図 **10.2**）．もちろん，実際の流れは円柱の外側のみである．さて，式 (10.4) は一様流[†3] Uz と **2 重湧出し**[†4]（doublet）Ua^2/z の重ね合わせになっている．正則関数の重ね合わせもまた正則関数であるから，特異点（$z = 0$）と臨界点（$z = \pm a$）を除いて等角写像が成り立っている[†5]．

[†1] ここでは天下り的に式 (10.4) を与えたが，歴史的には，まず，正則関数（式 (10.4)）を与えてそれに適合する物理現象を見出すべく研究された．

[†2] 流線関数 Ψ は Laplace 方程式を満足する．これを極座標系 $\Psi(r,\theta)$ で表して変数分離法で解き，円柱表面の境界条件（$\Psi(a,\theta) = 0$）と無限遠方の境界条件（$\Psi \approx Uy = Ur\sin\theta$）を適用すれば，式 (10.5) の Ψ を得ることができる．さらに，Cauchy-Riemann の関係式を使い Φ を求めることができるが，やや煩雑な計算である（12 章参照）．

[†3] Uz は式 (10.1) において $\alpha = 0$ とした一様流．

[†4] 複素速度ポテンシャル Ua^2/z より，速度ポテンシャルは $\Phi = U\{a^2x/(x^2+y^2)\}$ となり，その等値線は $U\{a^2x/(x^2+y^2)\} = c$（= const.）となる．$c = 0$ の場合は，$x = 0$ すなわち，y 軸である．$c \neq 0$ の場合は，$\{x - (Ua^2/2c)\}^2 + y^2 = (Ua^2/2c)^2$ となり，これは中心が $((Ua^2/2c), 0)$，半径が $Ua^2/2|c|$ の円を表している．c は正負の値がとれるので，円は y 軸を対称にしてその両側にできることになる．

[†5] 臨界点 $z = \pm a$ に至る速度ポテンシャルは，簡単な計算により $U\{r+(a^2/r)\}\cos\theta = \pm 2a$ で表せる．

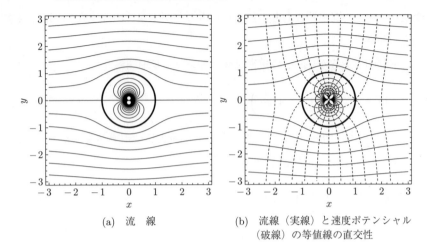

(a) 流　線　　　　　　(b) 流線（実線）と速度ポテンシャル
　　　　　　　　　　　　　（破線）の等値線の直交性

図 10.2　円柱まわりの流線 Ψ と速度ポテンシャル Φ：x 軸方向に一様な流れの中に半径 1 ($a=1$) の円柱を設置したときの流れの状況（実際の流れは円柱の外側のみ）を示す．図 (b) において，臨界点 ($x=\pm 1$, $y=0$) では速度ポテンシャルの等値線と流線（単位円）とは直交していないことがわかる．

10.3　Joukowski 変換

式 (10.4) は，z 面から W 面への変換である．この写像に基づいてつぎの変換

$$z = \zeta + \frac{a^2}{\zeta} \quad (a>0) \tag{10.6}$$

を **Joukowski†変換**（Joukowski transformation）という．ζ を極形式 $\zeta = re^{i\theta}$ で表すと，z の実部と虚部はそれぞれ

$$x = \left(r + \frac{a^2}{r}\right)\cos\theta, \qquad y = \left(r - \frac{a^2}{r}\right)\sin\theta \tag{10.7}$$

となる．ζ 面上で原点中心の半径 r（= 定数）の円が z 面上では

$$\frac{x^2}{(r+(a^2/r))^2} + \frac{y^2}{(r-(a^2/r))^2} = 1 \tag{10.8}$$

---

† Nikolai Jegorovich Joukowski (1847〜1921 年)：ロシアの空力学の父であり，第 1 次世界大戦中にはパイロットに効果的な爆弾の投下法をも教授した．

となり，長径 $r+(a^2/r)$，短径 $r-(a^2/r)$，焦点 $(\pm 2a, 0)$ の楕円であることを示している．

一方，θ ($=$ 定数) とすると，これは ζ 面上で原点から出る半直線であり，同様にして

$$\frac{x^2}{\cos^2\theta} - \frac{y^2}{\sin^2\theta} = 4a^2 \tag{10.9}$$

が得られ，これは z 面では焦点 $(\pm 2a, 0)$ の双曲線であることを示している．図 **10.3** に Joukowski 変換の様子を示す．要するに，Joukowski 変換（式 (10.6)）は，ζ 面上の原点中心の円と原点を出る半直線を，z 面上の楕円と双曲線にそれぞれ写像する．ζ 面上の円（$r=$ 定数）と半直線（$\theta=$ 定数）は直交するので，z 面上の楕円と双曲線も正則関数の等角写像により直交することがわかる．

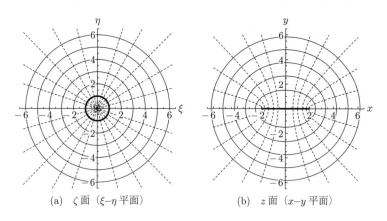

図 **10.3** Joukowski 変換：図 (a) の円（実線）と原点を通る直線（破線）は図 (b) の楕円（実線）と双曲線（破線）に写像される．

特に，式 (10.7) において $r=a$ とすると，$x = 2a\cos\theta$，$y = 0$ となり，x 軸上において原点を中心とする長さ $4a$ の線分に写像される．つぎの 10.3.1 項では，この事実に基づいて平板を過ぎる流れを扱う．

10.3.1 平　　　　板

Joukowski 変換の応用として，まず平板を過ぎる流れを扱う。z 面の x 軸に平行な速度 U の一様流中に x 軸に沿って幅 $4a$ の無限長の平板が設置されているとする。この状況では，流れは平板により影響を受けないので，その複素速度ポテンシャルは

$$W = F(z) = Uz \tag{10.10}$$

で与えられる（式 (10.1) で $\alpha = 0$）。式 (10.10) に Joukowski 変換を施し，式 (10.6) を代入すると

$$W = U\left(\zeta + \frac{a^2}{\zeta}\right) \tag{10.11}$$

となり，これは式 (10.4) より，ζ 面での ξ 軸[†1]に平行な速度 U の一様流中におかれた半径 a の円柱まわりの流れを表している。

さて，z 面での一様流を x 軸に角 α[†2]だけ傾けた状況を考えよう。一様流中になにもなければ，その流れの複素速度ポテンシャルは式 (10.1) であるから，平板が設置されていても $z \to \infty$ では

$$W \approx Ue^{-i\alpha} z \tag{10.12}$$

に近づかなければならない。また，ζ 面では $\zeta \to \infty$ のとき Joukowski 変換を考慮すると

$$W \approx Ue^{-i\alpha} \zeta \tag{10.13}$$

に近づかなければならない。ところで，円柱まわりの一様流が x 軸に角 α だけ傾いた複素速度ポテンシャルは，式 (10.4) において z を $ze^{-i\alpha}$ で置き換えたもの，すなわち

$$W = U\left(ze^{-i\alpha} + \frac{a^2 e^{i\alpha}}{z}\right) \tag{10.14}$$

[†1] ζ 面の水平軸を ξ，垂直軸を η とする。
[†2] α を**迎え角**（angle of attack）という。

であるので，ζ 面では

$$W = U\left(\zeta e^{-i\alpha} + \frac{a^2 e^{i\alpha}}{\zeta}\right) \tag{10.15}$$

となる．図 10.4 に $U = 1$，$a = 1$，$\alpha = \pi/6$ としたときの平板を過ぎる流れの流線（z 面（x–y 座標）での等値線）を示す．図の等値線は上から $\Psi = 1.5$, 0.9, 0.5, 0.3, 0.1, -0.1, -0.3, -0.5, -0.9, -1.5[†1]に相当する流線である．図 10.5 の円柱まわりの流れを Joukowski 変換したものが本図である．

ここで，複素速度 w を求めると

$$w = \frac{dW}{dz} = \frac{dW/d\zeta}{dz/d\zeta} = \frac{U(e^{-i\alpha} - a^2 e^{i\alpha}/\zeta^2)}{1 - a^2/\zeta^2} \tag{10.16}$$

となり，$\zeta = \pm a$，すなわち，平板の両端（$z = \pm 2a$）において，$|w| = \infty$ となる．この現象の発生は，完全流体で扱うことの限界を示している[†2]．図 10.4 で $\Psi = -0.1$ を拡大したものが図 10.6 であるが，流れは $z = 2a$ ($= 2$) において，角度 2π の角を回らなければならないので，Ψ が 0 に近いときには図のよ

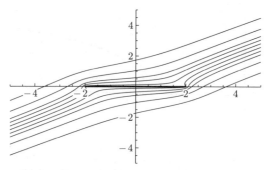

図 10.4　平板を過ぎる流れ：z 面（x–y 座標）での流線の等値線を示す．図 10.5 の Joukowski 変換が本図である．図の等値線は上から $\Psi = 1.5, 0.9, 0.5, 0.3, 0.1,$ $-0.1, -0.3, -0.5, -0.9, -1.5$ に相当する流線である（$U = 1$，$a = 1$，$\alpha = \pi/6$）．

[†1] Ψ は流線関数を示し，式 (10.14) の虚数部分であることは，10.2 節に説明したとおり．
[†2] 粘性を考慮した実在流体の**境界層**で扱わねばならないが，ポテンシャル流に **Kutta-Joukowski の条件**[5]（循環 Γ（後述の式 (12.20)）を調整して，流線を後縁に接して流れるようにする条件のこと）を課して，これを解決している．

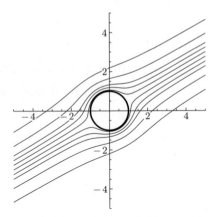

図 10.5 円柱まわりの流れ：ζ 面（式 (10.15)）では円柱になり，円柱まわりの流線の等値線を示す。等値線は上から $\Psi = 1.5, 0.9, 0.5, 0.3, 0.1, -0.1, -0.3, -0.5, -0.9, -1.5$ に相当する流線である。この1本1本の流線を Joukowski 変換したものが図 10.4 である（$U = 1$, $a = 1$, $\alpha = \pi/6$）。

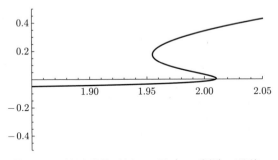

図 10.6 平板を過ぎる流れ：z 面（x–y 座標）で流線の等値線 $\Psi = -0.1$ を拡大したもの。$z = 2a\,(=2)$ において，流れは角度 2π の角を回らなければならないので，Ψ が 0 に近いときには図のように大きく流れの逆方向に回り込むことになる。平板の後縁は $x = 2$, $y = 0$ の位置にあることに注意。

うに大きく流れの逆方向に回り込むことになる。実際には，粘性の影響で尖った後縁に接して流れるので，平板の表面付近はポテンシャル流では限界がある。

10.3.2 Joukowski 翼

さて，ここでは航空機の翼の断面を Joukowski 変換により設計し，その翼まわりの流れを求めることを二つの例を通して解説する。

例題 10.1 図 10.7(a) は ζ 面（ξ–η 軸）と z 面（x–y 軸）を同時に描いたものであり，同図中の円（ζ 面）はその中心が実軸上（$\zeta = -0.1 + 0\mathrm{i}$）にあり，点 $\zeta = 1$ を通り半径は 1.1 である。この円を Joukowski 変換したものが同図の水滴を横にしたような図（z 面）になる。この写像のイメージを示したものが図 (b) である。中心が $-0.1 + 0\mathrm{i}$ にある円は $\zeta = 1$ で半径 $a = 1$ の円 C_1 に接しており，さらに $\zeta = -1.2$ では半径 1.2 の円 C_2 に接していることになる。したがって，等角写像により前者は z 面では $z = 2 = (2a)$ で実軸上の線分に接する尖点を形成することになり，また，後者は z 面での対応する点は楕円に接することになる（図 10.3 参照）。このようにして水滴を横にしたような形状ができあがることになり，航空機の翼設計に応用さ

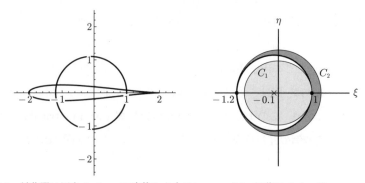

(a) 対称翼は円を Joukowski 変換したもの　　(b) 写像のイメージ

図 10.7 Joukowski 変換による対称翼：図 (a) は円柱の中心を $\zeta = -0.1 + 0\mathrm{i}$ とし，半径を 1.1 としたときの円を Joukowski 変換することによりできる対称翼。図 (b) において中心が $-0.1 + 0\mathrm{i}$ の円（実線）は円 C_1 と C_2 に接している。

れる。この場合は，x 軸には対称に写像される[†1]ので**対称翼**（symmetrical aerofoil）という。

さて，円柱まわりの一様流を Joukowski 変換すれば，対称翼まわりの流れが求まる。円柱まわりの一様流はすでに式 (10.5) で求まっており，これを Joukowski 変換して対称翼まわりの流れを計算したのが図 **10.8** である。

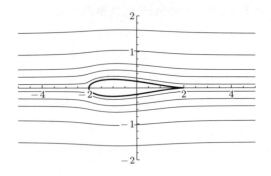

図 **10.8** Joukowski 変換による対称翼まわりの流れ：図 10.7(a) の対称翼まわりの流線の等値線を示す（上から $\Psi = 1.5, 0.9, 0.5, 0.3, 0.1, -0.1, -0.3, -0.5, -0.9, -1.5$）。

例題 10.2 図 **10.9** に ζ 面での円を Joukowski 変換した z 面での非対称翼を示す。この例では円の中心を $\zeta = -0.03 + 0.2i$ とし，半径を 1.04924 としている[†2]。この円を Joukowski 変換すると，同図の弓なり状の形状になる。この場合は，円は ξ 軸で対称ではないので，写像された形状も x 軸に対称にはならない。このような形状の翼を**非対称翼**（asymmetrical aerofoil）という。この例の非対称翼まわりの流れを計算したのが図 **10.10** である。

[†1] Joukowski 変換（式 (10.6)）において $y = \eta - (a^2\eta/(\xi^2 + \eta^2))$ であり，この例では $\eta = -\eta$ であるので $y = -y$ となり，x 軸には対称に写像される。

[†2] このときにもこの円は $\zeta = 1$ を通ることに注意。

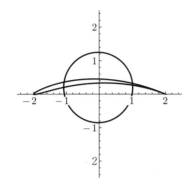

図 10.9 Joukowski 変換による非対称翼：円柱の中心を $\zeta = -0.03+0.2\mathrm{i}$ とし，半径を 1.04924 としたときの円を Joukowski 変換することによりできる非対称翼。

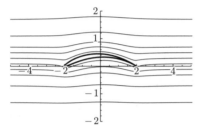

図 10.10 Joukowski 変換による非対称翼まわりの流れ：図 10.9 の非対称翼まわりの流線の等値線を示す（上から $\Psi = 1.5, 0.9, 0.5, 0.3, 0.1, -0.1, -0.3, -0.5, -0.9, -1.5$）。

章 末 問 題

- 【1】 円柱まわりの一様流の複素速度ポテンシャル W（式 (10.4)）より，速度ポテンシャル Φ および流線関数 Ψ を x, y で表せ。
- 【2】 問題【1】で求めた Φ と Ψ を使い，$W = F(z)$ の正則性を確かめよ。
- 【3】 円柱まわりの一様流において速度ポテンシャルと流線が直交していることを直接的に計算して確かめよ（ヒント：$\mathrm{grad}\,\Phi$ と $\mathrm{grad}\,\Psi$ の内積が 0 であることをいえばよい）。
- 【4】 式 (10.3) において，速度ポテンシャルと流線が直交していることを直接的に計算して確かめよ（ヒント：それぞれの直線の傾きを使うか，$\mathrm{grad}\,\Phi$ と $\mathrm{grad}\,\Psi$ の内積を計算してもよい）。

11章 熱力学への応用

11.1 熱方程式

よく知られているように，均一物質の熱伝導は，$u = u(t, x, y, z)$ を物質の温度として，つぎの**熱方程式**（heat equation）で表すことができる。

$$u_t = \kappa \Delta u \tag{11.1}$$

ここに，κ は**熱拡散率**（thermal diffusivity）で，K_0 を熱伝導率（材料に依存し実験により求める），c を比熱，ρ を質量密度とすると，$\kappa = K_0/c\rho$ と表される。ここでは，温度を無次元化し空間を 2 次元とすると，その熱方程式は

$$u_t = u_{xx} + u_{yy} \tag{11.2}$$

となるが，時間定常状態では

$$u_{xx} + u_{yy} = 0 \tag{11.3}$$

となり，すなわち Laplace の方程式となる。$u(x, y)$ は熱ポテンシャルと呼ばれ，複素熱ポテンシャル

$$f(z) = u(x, y) + \mathrm{i} v(x, y) \tag{11.4}$$

の実部である。$u(x, y) = $ 一定 が等温線[†1]であり，$v(x, y) = $ 一定 が熱流線[†2]である。

[†1] 流体の等ポテンシャル線に相当。
[†2] 流体の流線に相当。

11.2 複素熱ポテンシャル

本節では，時間定常状態の熱方程式 (11.3) を解いて式 (11.4) の u を求め，さらに Cauchy-Riemann の関係式から v を決めて複素熱ポテンシャルを求めてみよう．いま，図 11.1 に示す形状を考える．すなわち，形状は $L \times H$ の方形とし，その境界値は

$$u(L,y) = 0, \quad u(x,0) = 0, \quad u(x,H) = 0, \quad u(0,y) = f(y) \tag{11.5}$$

とする．さて，式 (11.3) は線形であるので，その解法に変数分離法が適用でき

$$u(x,y) = h(x)\varphi(y) \tag{11.6}$$

とおくと[†1]，式 (11.3) は

$$\frac{h_{xx}}{h} = -\frac{\varphi_{yy}}{\varphi} = \lambda \tag{11.7}$$

となる[†2]．ここで，境界条件（式 (11.5)）の第 1 式は式 (11.6) より $h(L) = 0$ となり，同様に，第 2, 3 式は $\varphi(0) = 0$, $\varphi(H) = 0$ となる．これらの条件より $\lambda > 0$ とすることが適当である．なぜなら，$\lambda \leqq 0$ では式 (11.7) 第 2 式の $-(\varphi_{yy}/\varphi) = \lambda$ において同時境界条件 $\varphi(0) = 0$, $\varphi(H) = 0$ を満足できないからである．

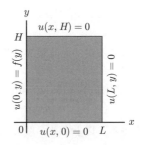

図 11.1 熱伝導問題の境界値

変数を分離した後の問題を整理すると，以下のようになる．

$$\Sigma_y : \begin{cases} \varphi_{yy} + \lambda\varphi = 0, & (\lambda > 0) \\ \varphi(0) = 0, \quad \varphi(H) = 0. \end{cases}$$

[†1] 解の存在性と一意性は式 (11.3) に関しては保証される．その議論については本書の範囲を超えているので，参考文献 4), 7), 13) などを参照されたい．

[†2] 左辺は x のみの関数であり，また，右辺は y のみの関数であるから，$\lambda = $ 定数 とすることができる．

$$\Sigma_x : \begin{cases} h_{xx} - \lambda h = 0, & (\lambda > 0) \\ h(L) = 0. \end{cases}$$

Σ_y の一般解は $c_1 \sin\sqrt{\lambda}y + c_2 \cos\sqrt{\lambda}y$ と表せるが,同時境界条件より

$$\sqrt{\lambda} = \frac{n\pi}{H} \quad (n = 1, 2, 3, \cdots)$$

となり

$$\varphi(y) = \sum_{n=1}^{\infty} c_n \sin\frac{n\pi}{H}y$$

を得る。さらに, Σ_x の一般解は双曲線関数の線形結合

$$d_1 \sinh\frac{n\pi}{H}(x-L) + d_2 \cosh\frac{n\pi}{H}(x-L)$$

と表せるが,同時境界条件より

$$h(x) = \sum_{n=1}^{\infty} d_n \sinh\frac{n\pi}{H}(x-L)$$

を得る。以上より,解 u はつぎのようになる。

$$u(x,y) = \sum_{n=1}^{\infty} c_n \sinh\frac{n\pi}{H}(x-L) \sin\frac{n\pi}{H}y \tag{11.8}$$

ここで, c_n は4番目の境界条件 $u(0,y) = f(y)$ より三角関数の直交性を使い

$$c_n = \frac{2}{H \sinh(n\pi(-L)/H)} \int_0^H f(y) \sin\frac{n\pi y}{H} dy \tag{11.9}$$

と形式的に表すことができる[†]。

[†] $u(0,y) = f(y) = \sum\limits_{n=1}^{\infty} c_n \sinh(n\pi(-L/H)) \sin(n\pi/H)y$ と表現できるが,右辺の関数列の和が与えられた $f(y)$ へ収束するかどうかは議論のいるところである。関数 f が区分的になめらかという条件が満足されれば,右辺の f への一様収束性が Riemann-Lebesque の定理を使って保証される。このほか,式 (11.8) において右辺の極限の微分可能性などの議論がいるが,詳細はフーリエ解析学や偏微分方程式の標準的な文献[8), 14), 15)] などを参照。

以後，計算の煩雑さを避けて，つぎの具体例で解説を続けよう．

例題 11.1 図 11.1 において，$L = H = \pi$，$f(y) = \sin y$ とする．このとき，式 (11.8) は

$$u(x,y) = -\frac{\sinh(x-\pi)}{\sinh \pi}\sin y \tag{11.10}$$

となる．これより，複素熱ポテンシャル(式(11.4))：$f(z) = u(x,y) + iv(x,y)$ を決定するため Cauchy-Riemann の関係式を利用する．まず，$u_x = v_y$ より

$$v(x,y) = \frac{\cosh(x-\pi)}{\sinh \pi}\cos y + g(x)$$

と求まる．ここで，$g(x)$ は x のみの関数であるが，$u_y = -v_x$ より $g(x) = c$ (c は実定数) と求まる．結局，

$$v(x,y) = \frac{\cosh(x-\pi)}{\sinh \pi}\cos y + c \tag{11.11}$$

となる．したがって，複素熱ポテンシャルは式 (11.10) と式 (11.11) より

$$\begin{aligned}f(z) &= -\frac{\sinh(x-\pi)}{\sinh \pi}\sin y + i\frac{\cosh(x-\pi)}{\sinh \pi}\cos y + ic \\ &= \frac{i}{\sinh \pi}\cosh(z-\pi) + ic\end{aligned} \tag{11.12}$$

と求めることができる．図 **11.2** に等温線（$u(x,y) =$ 一定）と熱流線（$v(x,y) =$ 一定）の様子を示している．$w = f(z)$ の w 面では，$u =$ 一定 と $v =$ 一定 とは直交しているので，正則関数の等角写像より z 面での等温線と熱流線も直交することになる．ちなみに，等温線の (x_0, y_0) での接線の傾きは

$$\left.\frac{dy}{dx}\right|_{x_0,y_0} = -\frac{\cosh(x_0-\pi)}{\sinh(x_0-\pi)}\frac{\sin y_0}{\cos y_0} \tag{11.13}$$

となり，熱流線のそれは

11. 熱力学への応用

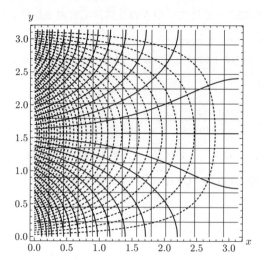

図 11.2 例 11.1 の等温線と熱流線：破線は等温線を示し，右から $u = 0.032n$ $(n = 1, 2, \cdots, 30)$。実線は熱流線を示し，上から $v = 0.064(n-16)$ $(n = 1, 2, \cdots, 30)$。それぞれの等温線と熱流線は直交している。

$$\left.\frac{dy}{dx}\right|_{x_0, y_0} = \frac{\sinh(x_0 - \pi)}{\cosh(x_0 - \pi)} \frac{\cos y_0}{\sin y_0} \tag{11.14}$$

と計算できて，式 (11.13) と式 (11.14) の積は -1 となり，これらの曲線は確かに直交していることが確認できる。

注意 11.1 式 (11.13) と式 (11.14) で定義されない点の考察をしておく。

(1) $x_0 = \pi$ のときには，等温線の接線は y 軸と平行になり，このとき熱流線の式 (11.14) は $y_0 \neq 0, \pi$ で 0 となり，x 軸と平行になるので，このときにも直交性は保たれている。

(2) 式 (11.14) において $y_0 = 0, \pi$ かつ $x_0 \neq \pi$ のときには，熱流線の接線は y 軸と平行になり，このとき，等温線の式 (11.13) は 0 となるので x 軸と平行であり，やはり直交性は保たれている。

(3) 直交性が保たれないのは，等角写像の**臨界点**（critical point）であり，すなわち，式 (11.12) より $f'(z) = 0$ となる点 $(\pi, 0)$，(π, π) の 2 点である[†1]。図 **11.3** に臨界点に入る熱流線の様子を示す[†2]。　　◇

[†1] $f'(z) = 0$ は $\sinh(x - \pi)\cos y + i\cosh(x - \pi)\sin y = 0$ となる。
[†2] この場合の熱流線を示す式は，簡単な計算より $\cosh(x - \pi)\cos y = \pm 1$ となる。

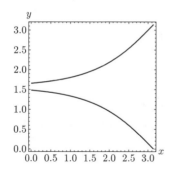

図 11.3 注意 11.1 (3) の臨界点に入る熱流線の様子：臨界点は $(\pi, 0), (\pi, \pi)$ の 2 点であり，これらの位置での等温線は $x = \pi$ であるので，熱流線と等温線は明らかに直交していないことがわかる。

注意 11.2 解析的に等温線を求めることができるのは，その形状が単純な場合だけであり，複雑な形状の場合には有限要素法[6),19)] などの数値解法に頼らざるを得ない。図 11.4 は，0.3 [m] × 0.2 [m] の L 字型に丸い穴をあけた形状の鉄板の等温線を有限要素法で解いた結果である†。

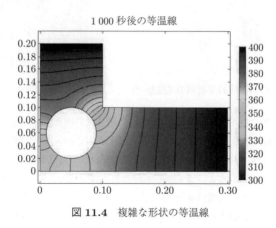

図 11.4 複雑な形状の等温線 ◇

---

† 方程式は温度を $u = u(t, x, y)$ として $u_t = \kappa(u_{xx} + u_{yy})$ であるが，境界条件と初期条件を

$$u(t, x, y) = \begin{cases} 400, & (t > 0, \quad x \in [0, 0.1], \quad y = 0.2) \\ 300 & (t > 0, \quad x = 0.3, \quad y \in [0, 0.1]) \end{cases}$$

$$u(0, x, y) = 300$$

とし，$t = 1\,000$ [s] 後の等温線である。熱拡散率 κ は鉄の定数 2.3×10^{-5} [m/s^2] を使った。

章 末 問 題

【1】 図 11.5 に示す平行平板間（y 方向と z 方向には無限に長い平板が $x = 0$ と $x = L$ の位置に設置されており，$x = 0$ の平板の温度は T_0，$x = L$ の平板の温度は T_L にそれぞれ保たれているとする）の時間定常状態の温度分布を求めて，複素熱ポテンシャルを決定せよ．また，等温線と熱流線を描け（ヒント：方程式は $u_{xx} + u_{yy} + u_{zz} = 0$ であるが，y 方向と z 方向には変化しないので $u_y = 0$，$u_z = 0$ である）．

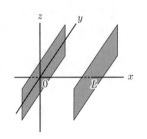

図 11.5 平行平板間の温度分布　　図 11.6 円筒間の温度分布

【2】 図 11.6 に示す同心円筒間（z 方向には無限に長い円筒が $r = 1$ と $r = L$ の位置に設置されており，$r = 1$ の円筒の表面温度は T_0，$r = L$ の円筒の表面温度は T_L にそれぞれ保たれているとする）の時間定常状態の温度分布を求めて，複素熱ポテンシャルを決定せよ．また，等温線と熱流線を描け（ヒント：Laplace 方程式の円筒座標系での表現は $u(r, \theta, z)$ として $u_{rr} + (1/r)u_r + (1/r^2)u_{\theta\theta} + u_{zz} = 0$（事実 3.1 の式 (3.19)）であるが，$z$ 方向には変化しないので $u_z = 0$ である．また，円筒の対称性から $u(r, \theta, z) = u(r)$ となる）．

第III部 付録

12章 円柱まわりの一様流（循環が0のとき）の複素速度ポテンシャルの導出

12.1 流線関数

本章では，円柱まわりの一様流の複素速度ポテンシャルの導出をつぎの手順で行う．

(1) Laplace の方程式に境界条件を付し，境界値問題として，流線関数を求める．

(2) Cauchy-Riemann の関係式を使い，手順 (1) で求めた流線関数から速度ポテンシャルを求める．

(3) 手順 (1)，(2) より複素速度ポテンシャルを求める．

まず，流線関数 $\Psi(x,y)$ は Laplace の方程式を満足するので，これを極座標で表現すると，$\Psi(r,\theta)$ として

$$\Psi_{rr} + \frac{1}{r}\Psi_r + \frac{1}{r^2}\Psi_{\theta\theta} = 0 \tag{12.1}$$

である[†1]．境界条件は，十分大きな r では一様流であるから，Ψ は Uy に等しくなり，また，$r=a$ では $\Psi=0$ であるから

$$\begin{cases} \Psi(r,\theta) \approx Uy = Ur\sin\theta, & (r \to \infty) \\ \Psi(a,\theta) = 0 \end{cases} \tag{12.2}$$

である．式 (12.1) を変数分離法[†2]で解法していく．$\Psi(r,\theta) = f(r)g(\theta)$ とすると

[†1] 事実 3.1 参照．
[†2] 11.2 節参照．

$$r^2 \frac{f_{rr}}{f} + r\frac{f_r}{f} = -\frac{g_{\theta\theta}}{g} \tag{12.3}$$

となり，左辺は r だけの関数であり，右辺は θ だけの関数であるので，これらは定数 λ （正負は以後の議論）となり

$$r^2 \frac{f_{rr}}{f} + r\frac{f_r}{f} = \lambda, \tag{12.4}$$

$$-\frac{g_{\theta\theta}}{g} = \lambda \tag{12.5}$$

とおける。

〔1〕 式 (12.5) の解法　　まず，式 (12.5) から解いていく。θ 方向については周期性がなければならないので，$\lambda < 0$ は除外する†。

(1) $\lambda = 0$ の場合：$g_{\theta\theta} = 0$ より

$$g(\theta) = c_1 \theta + c_2 \quad (c_1,\ c_2 \text{ は定数}) \tag{12.6}$$

となり，さらに，周期性 $g(\pi) = g(-\pi)$，$g'(\pi) = g'(-\pi)$ から

$$g(\theta) = \text{const.} \tag{12.7}$$

を得る。

(2) $\lambda > 0$ の場合：容易に

$$g(\theta) = c_1 \sin\sqrt{\lambda}\theta + c_2 \cos\sqrt{\lambda}\theta \quad (c_1,\ c_2 \text{ は定数}) \tag{12.8}$$

と書くことができるが，同様に $g(\pi) = g(-\pi)$，$g'(\pi) = g'(-\pi)$ より

$$\sqrt{\lambda} = m \quad (m = 1, 2, 3, \cdots)$$

を得る。

(1)，(2) をまとめて

$$g(\theta) = c_1 \sin n\theta + c_2 \cos n\theta \quad (n = 0, 1, 2, \cdots) \tag{12.9}$$

となる。

---

† 数学的には $\lambda < 0$ も存在するが，物理現象を鑑み，そのような解には興味がないということである。

〔2〕 式 (12.4) の解法　　〔1〕の解法より $\lambda = n^2$ $(n = 0, 1, 2, \cdots)$ と表せる。

(1) $n = 0$ の場合：方程式は $r^2 f_{rr} + r f_r = 0$ となり，容易に

$$f(r) = c_1 + c_2 \log r \tag{12.10}$$

を得る。

(2) $n = 1, 2, 3, \cdots$ の場合：方程式はつぎの Euler[†1] の微分方程式

$$r^2 f_{rr} + r f_r - n^2 f = 0 \tag{12.11}$$

となり，この場合の解として

$$f(r) = c_3 r^n + \frac{c_4}{r^n} \tag{12.12}$$

を得る[†2]。

(1)，(2) をまとめて

$$f(r) = c_1 + c_2 \log r + \sum_{n=1}^{\infty} \left(c_3^n r^n + \frac{c_4^n}{r^n} \right) \tag{12.13}$$

となる。

したがって，Ψ の一般解は式 (12.13) と式 (12.9) より

$$\Psi(r, \theta) = c_1 + c_2 \log r + \sum_{n=1}^{\infty} \left(c_3^n r^n + \frac{c_4^n}{r^n} \right) (c_5^n \sin n\theta + c_6^n \cos n\theta) \tag{12.14}$$

[†1] Leonhard Euler（1707〜1783 年）：18 世紀の偉大なる数学者であり，天文学者でもある。数論，解析学，幾何学など数学のあらゆる分野にその業績を残し，19 世紀以後の数学発展の礎を築いた偉人である。Euler の冠がついた式や定理は数知れない。

[†2] Euler の微分方程式 (12.11) は変数変換 $r = e^t$ を施すことにより，つぎの線形定係数微分方程式

$$\frac{\mathrm{d}^2 f}{\mathrm{d}t^2} - n^2 f = 0$$

に変換することができ，これより容易に式 (12.12) を得る。

となる†1。ここで，境界条件（式 (12.2)）第 1 式を適用すると，式 (12.14) は

$$\Psi(r,\theta) = c_1 + c_2 \log r + \left(Ur + \frac{c_4^1}{r}\right) \sin\theta \tag{12.15}$$

となり†2，さらにこれに式 (12.2) 第 2 式を適用すると

$$\Psi(a,\theta) = c_1 + c_2 \log a + \left(Ua + \frac{c_4^1}{a}\right) \sin\theta = 0 \tag{12.16}$$

より $c_1 = -c_2 \log a$，$c_4^1 = -Ua^2$ を得て，結局 Ψ はつぎのようになる．

$$\Psi(r,\theta) = c \log \frac{r}{a} + U\left(r - \frac{a^2}{r}\right) \sin\theta. \tag{12.17}$$

12.2 速度ポテンシャルと複素速度ポテンシャル

流線関数が式 (12.17) と得られたので，これより Cauchy-Riemann の関係式を用いて速度ポテンシャル Φ を求めて，最終的に複素速度ポテンシャル

$$F(z) = \Phi(r,\theta) + \mathrm{i}\Psi(r,\theta)$$

を求める．上式において Cauchy-Riemann の関係式は

$$\Phi_r = \frac{1}{r}\Psi_\theta, \qquad \Psi_r = -\frac{1}{r}\Phi_\theta$$

であるので，簡単な計算により

$$\Phi(r,\theta) = -c\theta + U\left(r + \frac{a^2}{r}\right) \cos\theta + \mathrm{const.} \tag{12.18}$$

---

†1 式 (12.14) は右辺の収束性を考えると，あくまで形式的な表現であり，c_3^n, c_4^n らの非零に対する有限和と考えるべきである．実際，式 (12.15) 以下の考察により，式 (12.14) は式 (12.17) になり，n が 2 以上の項は解とは無関係になる．

†2 つぎのような計算で式 (12.15) が $r \to \infty$ のとき，式 (12.2) 第 1 式になることがわかる．

$$\lim_{r\to\infty} \frac{c_1 + c_2 \log r + \{Ur + (c_4^1/r)\}\sin\theta}{Ur\sin\theta} = 1 + \lim_{r\to\infty} \frac{c_1 + c_2 \log r + (c_4^1/r)\sin\theta}{Ur\sin\theta} = 1$$

12.2 速度ポテンシャルと複素速度ポテンシャル

と求めることができる．式 (12.17) と式 (12.18) より

$$\begin{aligned}
F(z) &= -c\theta + U\left(r + \frac{a^2}{r}\right)\cos\theta + \text{const.} + \mathrm{i}\left\{c\log\frac{r}{a} + U\left(r - \frac{a^2}{r}\right)\sin\theta\right\} \\
&= -c\left(\theta - \mathrm{i}\log\frac{r}{a}\right) + U\left\{\left(r + \frac{a^2}{r}\right)\cos\theta + \mathrm{i}\left(r - \frac{a^2}{r}\right)\sin\theta\right\} + \text{const.} \\
&= -\mathrm{i}c\log\frac{a}{z} + U\left(z + \frac{a^2}{z}\right) + \text{const.} \\
&= \mathrm{i}c\log z + U\left(z + \frac{a^2}{z}\right) + \text{const.}
\end{aligned} \quad (12.19)$$

ここで，循環 (circulation) $\varGamma$ は

$$\varGamma = \int_0^{2\pi} u_\theta r \mathrm{d}\theta \quad (12.20)$$

で定義される値であるが，u_θ は円周 (θ) 方向の速度成分であるので

$$u_\theta = -\varPsi_r = -\frac{c}{r} - U\left(1 + \frac{a^2}{r^2}\right)\sin\theta$$

であり，結局 $\varGamma = -2\pi c$ となる．

式 (12.19) において，循環 $\varGamma$ を 0 とし，定数分を省けば，円柱まわりの一様流の複素速度ポテンシャル

$$F(z) = U\left(z + \frac{a^2}{z}\right)$$

が得られる．

13章 ベクトル解析の基礎

13.1 ベクトルの内積

　ベクトル（例えば，力：大きさと方向をもっている）はスカラー（例えば，質量：大きさのみをもっている）と判別するために太字で書くのが丁寧な表現である[†1]。$\boldsymbol{A}$ とすればこれはベクトルを表し，A とすればスカラーを意味する。また，ベクトルでも扱う問題により2次元，3次元，一般に n 次元がある。工学で扱うベクトルは多くの場合2次元または3次元であり，例えば，

$$\boldsymbol{A} = (A_x, A_y, A_z)$$

のように記す[†2]。3次元直交空間では

$$\boldsymbol{A} = A_x \boldsymbol{i} + A_y \boldsymbol{j} + A_z \boldsymbol{k}$$

と表せる。これがベクトルの解析的表現であり，$\boldsymbol{i}$ は x 軸の正方向に向かう単位ベクトルを表しており，$\boldsymbol{j}$, $\boldsymbol{k}$ は同様に y, z 軸の正方向に向かう単位ベクトルである。

　さて，二つのベクトル $\boldsymbol{A}$, $\boldsymbol{B}$ の大きさとそのなす角 α（$0 \leqq \alpha < \pi$ とする）の余弦との積，すなわち

[†1] 書物によっては，ベクトルもスカラーも文字では区別していないものもある。前後関係で判断すればよいという考えからきている。本書でも前後関係から明白な場合は，しばしばベクトルとスカラーとを区別せずに表現する。

[†2] 添字は $\partial/\partial x$ などのように偏微分の意味でも使われるが，これも前後関係から区別は明白であろう。

$$AB\cos\alpha$$

を A と B の内積（スカラー積）といい，$A\cdot B$ で表す†（図 13.1）。すなわち，内積はスカラー量であり

$$A\cdot B = AB\cos\alpha$$

である。解析的表現を使えば

$$A\cdot B = (A_x\boldsymbol{i} + A_y\boldsymbol{j} + A_z\boldsymbol{k})\cdot(B_x\boldsymbol{i} + B_y\boldsymbol{j} + B_z\boldsymbol{k})$$
$$= A_xB_x + A_yB_y + A_zB_z$$

となる（直交する単位ベクトルは，例えば，$\boldsymbol{i}\cdot\boldsymbol{j} = 0$ である）。

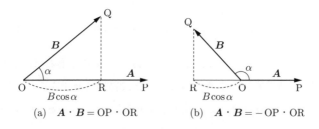

(a) $A\cdot B = \mathrm{OP}\cdot\mathrm{OR}$ (b) $A\cdot B = -\mathrm{OP}\cdot\mathrm{OR}$

図 13.1　ベクトルの内積

例題 13.1　　$A = (2, -2, 3)$ と $B = (-1, 2, 2)$ のなす角 α は

$$\cos\alpha = \frac{A_xB_x + A_yB_y + A_zB_z}{AB}$$
$$= \frac{2\times(-1) + (-2)\times 2 + 3\times 2}{\sqrt{2^2 + (-2)^2 + 3^2}\sqrt{(-1)^2 + 2^2 + 2^2}} = 0$$

となり，$\alpha = \pi/2$ である。

注意 13.1　　内積が 0 ということは，ベクトルどうしが直交しているということ。

---

† 内積は行列の積とは異なる。行列の積は通常，AB で表す。

13.2 ベクトルの外積

二つのベクトル A と B との外積（ベクトル積）はベクトル量であり，その大きさは A, B を 2 辺とする平行四辺形の面積に等しく，その方向は，この平行四辺形の面に垂直で，A から B のほうに右ねじを回すときのねじの進む方向にとる。なお，ねじを回すときの回転角は，小さいほうをとることに決める。外積の記号は

$$A \times B$$

を用いる。外積の大きさは定義より

$$|A \times B| = AB \sin \alpha.$$

ここに，α は A, B のなす角である（図 13.2 参照）。また，つぎのことは容易にわかる。

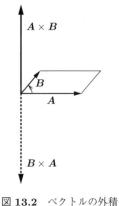

図 13.2　ベクトルの外積

事実 13.1

(1) A, B が平行ならば，$A \times B = 0$

(2) A, B が垂直ならば，$|A \times B| = AB$

(3) 基本ベクトルに関して，$i \times i = j \times j = k \times k = 0$, $i \times j = -j \times i = k$, $j \times k = -k \times j = i$, $k \times i = -i \times k = j$

(4) $A \times B = (A_y B_z - A_z B_y,\ A_z B_x - A_x B_z,\ A_x B_y - A_y B_x)$

$$= \begin{vmatrix} i & j & k \\ A_x & A_y & A_z \\ B_x & B_y & B_z \end{vmatrix}$$

例題 13.2 例えば，$A = (2, -3, 5)$，$B = (-1, 4, 2)$ とすると

$$\begin{aligned}
A \times B &= (2i - 3j + 5k) \times (-i + 4j + 2k) \\
&= 2 \cdot (-1)\, i \times i + (-3) \cdot 4\, j \times j + 5 \cdot 2\, k \times k \\
&\quad + 2 \cdot 4\, i \times j + (-3) \cdot (-1)\, j \times i \\
&\quad + (-3) \cdot 2\, j \times k + 5 \cdot 4\, k \times j \\
&\quad + 5 \cdot (-1)\, k \times i + 2 \cdot 2\, i \times k \\
&= (8 - 3)k + (-6 - 20)i + (-5 - 4)j \\
&= (-26, -9, 5).
\end{aligned}$$

外積を使って，三角関数の加法定理がつぎのように誘導できる。

例題 13.3 図 13.3 のように二つの単位ベクトル a, b をとる。

$$a = \cos\alpha\, i + \sin\alpha\, j, \qquad b = \cos\beta\, i + \sin\beta\, j$$

とすると

$$\begin{aligned}
b \times a &= (\cos\beta\, i + \sin\beta\, j) \times (\cos\alpha\, i + \sin\alpha\, j) \\
&= (\sin\alpha\cos\beta - \cos\alpha\sin\beta) k.
\end{aligned}$$

一方，外積の定義から

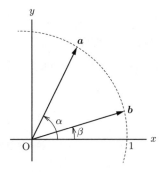

図 **13.3** 三角関数の加法定理の証明

$$\boldsymbol{b} \times \boldsymbol{a} = 1 \cdot 1 \cdot \sin(\alpha - \beta)\boldsymbol{k}. \tag{13.1}$$

これらより

$$\sin(\alpha - \beta) = \sin\alpha\cos\beta - \cos\alpha\sin\beta$$

を得る。ほかの公式も同様に導出できる。

13.3 勾配, 発散, 回転

13.3.1 スカラー界とベクトル界

スカラーの分布している領域を**スカラー界**という。このとき, スカラーは点関数 $\varphi(x, y, z)$ として表せる。

例題 13.4 点関数の代表的なものを示す。
(1) 密度分布関数 $\rho(x, y, z)$：物体の各点 x, y, z の密度 ρ の分布
(2) 温度分布関数 $T(x, y, z)$：物体の各点 x, y, z の温度 T の分布
(3) 電位分布関数 $E(x, y, z)$：電荷による空間 x, y, z の電位 E の分布

スカラーの値が一定値 c に等しいすべての点は, 3次元曲面

$$\varphi(x, y, z) = c$$

を形成する。2次元では $\varphi(x, y) = c$ という平面上での2次元曲線となる。この3次元曲面や2次元曲線を**等ポテンシャル面**[†]（**等位面**）という。

スカラー界に対して**ベクトル界**とは, 空間にベクトルが分布している領域を指す。

[†] 熱力学では等温線という。また, 流体力学の流線や速度ポテンシャル線の等値線に相当する（10章）。

例題 13.5 速度分布関数 $v(x,y,z) = (u(x,y,z), v(x,y,z), w(x,y,z))$：例えば，水が流れている点 x, y, z における水の速度の分布。u, v, w は v の x, y, z 成分のそれぞれの速さ（絶対値）と方向（符号）を示す。v はベクトル点関数となる。

13.3.2 勾配

スカラー点関数 $\varphi(x,y,z)$ に対して

$$\left(\frac{\partial \varphi}{\partial x}, \frac{\partial \varphi}{\partial y}, \frac{\partial \varphi}{\partial z}\right)$$

を $\varphi(x,y,z)$ の勾配（ベクトルである）といい，

$$\mathrm{grad}\,\varphi \quad \text{または} \quad \nabla \varphi$$

と書く。∇ をベクトル演算記号

$$\nabla = \boldsymbol{i}\frac{\partial}{\partial x} + \boldsymbol{j}\frac{\partial}{\partial y} + \boldsymbol{k}\frac{\partial}{\partial z}$$

として考えれば，$\nabla \varphi$ はベクトル ∇ とスカラー φ との積

$$\mathrm{grad}\,\varphi = \nabla \varphi = \frac{\partial \varphi}{\partial x}\boldsymbol{i} + \frac{\partial \varphi}{\partial y}\boldsymbol{j} + \frac{\partial \varphi}{\partial z}\boldsymbol{k}$$

となる。

なお，円柱座標系では Descartes 座標系との間に

$$\begin{cases} x = r\cos\theta, \\ y = r\sin\theta, \\ z = z \end{cases} \tag{13.2}$$

の関係式があるので，円柱座標系での勾配の r, θ, z の各成分は

$$\mathrm{grad}_r\,\varphi = \frac{\partial \varphi}{\partial r}, \tag{13.3}$$

$$\mathrm{grad}_\theta\,\varphi = \frac{1}{r}\frac{\partial \varphi}{\partial \theta}, \tag{13.4}$$

$$\mathrm{grad}_z\,\varphi = \frac{\partial \varphi}{\partial z} \tag{13.5}$$

となる。

13.3.3 発散

ベクトル関数 $\boldsymbol{A}(x,y,z)$ に対して

$$\frac{\partial A_x}{\partial x} + \frac{\partial A_y}{\partial y} + \frac{\partial A_z}{\partial z}$$

を $\boldsymbol{A}$ の発散といい，

$$\mathrm{div}\,\boldsymbol{A}$$

で表す（スカラーである）。∇ を使えば，発散は $\boldsymbol{A}$ との内積

$$\mathrm{div}\,\boldsymbol{A} = \nabla \cdot \boldsymbol{A}$$

で表せる[†]。

例題 13.6　つぎのベクトル

$$\boldsymbol{A} = (x^2 + yz)\boldsymbol{i} + (y^2 + zx)\boldsymbol{j} + (z^2 + xy)\boldsymbol{k}$$

の発散は

$$\begin{aligned}\mathrm{div}\,\boldsymbol{A} &= \left(\boldsymbol{i}\frac{\partial}{\partial x} + \boldsymbol{j}\frac{\partial}{\partial y} + \boldsymbol{k}\frac{\partial}{\partial z}\right) \\ &\quad \cdot \left\{(x^2 + yz)\boldsymbol{i} + (y^2 + zx)\boldsymbol{j} + (z^2 + xy)\boldsymbol{k}\right\} \\ &= 2(x + y + z)\end{aligned}$$

と計算できる。

[†]　具体的に計算すると

$$\nabla \cdot \boldsymbol{A} = \left(\boldsymbol{i}\frac{\partial}{\partial x} + \boldsymbol{j}\frac{\partial}{\partial y} + \boldsymbol{k}\frac{\partial}{\partial z}\right) \cdot (A_x\boldsymbol{i} + A_y\boldsymbol{j} + A_z\boldsymbol{k}) = \frac{\partial A_x}{\partial x} + \frac{\partial A_y}{\partial y} + \frac{\partial A_z}{\partial z}$$

となる。$\partial/\partial x$ と A_x との積を形式的に $\partial A_x/\partial x$ と書く。ほかも同様。

なお，円柱座標系での発散は

$$\mathrm{div}\,\boldsymbol{A} = \frac{1}{r}\frac{\partial}{\partial r}(rA_r) + \frac{1}{r}\frac{\partial A_\theta}{\partial \theta} + \frac{\partial A_z}{\partial z} \tag{13.6}$$

となる。

13.3.4 回　　　　転

ベクトル関数 $\boldsymbol{A}(x,y,z)$ に対して

$$\left(\frac{\partial A_z}{\partial y} - \frac{\partial A_y}{\partial z},\ \frac{\partial A_x}{\partial z} - \frac{\partial A_z}{\partial x},\ \frac{\partial A_y}{\partial x} - \frac{\partial A_x}{\partial y}\right)$$

を $\boldsymbol{A}$ の**回転**といい，

$$\mathrm{rot}\,\boldsymbol{A} \quad \text{または} \quad \mathrm{curl}\,\boldsymbol{A}$$

で表す（ベクトルである）。すなわち，

$$\mathrm{rot}\,\boldsymbol{A} = \left(\frac{\partial A_z}{\partial y} - \frac{\partial A_y}{\partial z}\right)\boldsymbol{i} + \left(\frac{\partial A_x}{\partial z} - \frac{\partial A_z}{\partial x}\right)\boldsymbol{j} + \left(\frac{\partial A_y}{\partial x} - \frac{\partial A_x}{\partial y}\right)\boldsymbol{k}$$

である。これを行列式の形式で表すと

$$\mathrm{rot}\,\boldsymbol{A} = \begin{vmatrix} \boldsymbol{i} & \boldsymbol{j} & \boldsymbol{k} \\ \dfrac{\partial}{\partial x} & \dfrac{\partial}{\partial y} & \dfrac{\partial}{\partial z} \\ A_x & A_y & A_z \end{vmatrix}$$

となる。また，∇ と $\boldsymbol{A}$ との外積とも考えられる（事実 13.1 参照）。すなわち，

$$\mathrm{rot}\,\boldsymbol{A} = \nabla \times \boldsymbol{A}.$$

例題 13.7　　速度ベクトルを $\boldsymbol{v} = (-y, x, 0)$ とする。この流線は図 **13.4** のように，x–y 平面上の原点を中心とした円になる（章末問題【8】）。回転は

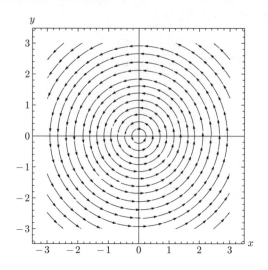

図 13.4 例題 13.7 の流線

$$\mathrm{rot}\,\boldsymbol{v} = \begin{vmatrix} \boldsymbol{i} & \boldsymbol{j} & \boldsymbol{k} \\ \dfrac{\partial}{\partial x} & \dfrac{\partial}{\partial y} & \dfrac{\partial}{\partial z} \\ -y & x & 0 \end{vmatrix} = 2\boldsymbol{k} = (0,0,2)$$

となり，z 軸の正方向（図の鉛直方向）に向かい，その大きさは（x, y に無関係に）2 である。

例題 13.8 $q = (x^2 + y^2 + 1)/10$ として，速度ベクトルを $\boldsymbol{v} = (-y/q, x/q, 0)$ とする。このときの流線は図 13.4 と同じように，x–y 平面上の原点を中心とした円になる。回転は

$$\mathrm{rot}\,\boldsymbol{v} = \begin{vmatrix} \boldsymbol{i} & \boldsymbol{j} & \boldsymbol{k} \\ \dfrac{\partial}{\partial x} & \dfrac{\partial}{\partial y} & \dfrac{\partial}{\partial z} \\ -\dfrac{y}{q} & \dfrac{x}{q} & 0 \end{vmatrix} = \left(0, 0, \dfrac{20}{(x^2+y^2+1)^2}\right)$$

13.3 勾配, 発散, 回転

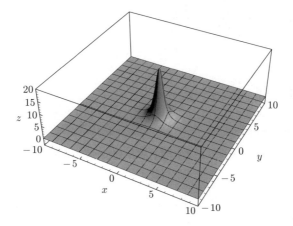

図 **13.5** 例題 13.8 の回転

となり, z 軸の正方向だけであるが, この場合, その大きさは x, y に関係する. 図 **13.5** にこの場合の回転を示す.

例題 13.9 速度ベクトルを $\boldsymbol{v} = (y, 0, 0)$ とする. このときのベクトル線図は x 軸に平行で, 方向は y の正負の符号により右 (x 軸の正) 方向・左 (x 軸の負) 方向となる. 大きさは, x–z 面との距離に比例する. 回転は

$$\mathrm{rot}\,\boldsymbol{v} = \begin{vmatrix} \boldsymbol{i} & \boldsymbol{j} & \boldsymbol{k} \\ \dfrac{\partial}{\partial x} & \dfrac{\partial}{\partial y} & \dfrac{\partial}{\partial z} \\ y & 0 & 0 \end{vmatrix} = (0, 0, -1)$$

となり, z 軸の負方向だけで, その大きさは 1 である.

なお, 回転の円柱座標での r, θ, z の各成分の表現は, つぎのようになる.

$$\mathrm{rot}_r\,\boldsymbol{A} = \frac{1}{r}\frac{\partial A_z}{\partial \theta} - \frac{\partial A_\theta}{\partial z} \tag{13.7}$$

$$\mathrm{rot}_\theta\,\boldsymbol{A} = \frac{\partial A_r}{\partial z} - \frac{\partial A_z}{\partial r} \tag{13.8}$$

$$\mathrm{rot}_z\,\boldsymbol{A} = \frac{1}{r}\frac{\partial}{\partial \theta}(rA_\theta) - \frac{1}{r}\frac{\partial A_r}{\partial \theta} \tag{13.9}$$

13.4 重要な公式

事実 13.2 φ をスカラー点関数,$\boldsymbol{A}$, $\boldsymbol{B}$ をベクトル点関数とするとき,つぎの公式が成り立つ.

(1) $\quad \mathrm{rot}\,\mathrm{grad}\,\varphi = 0$ \hfill (13.10)

(2) $\quad \mathrm{div}\,\mathrm{rot}\,\boldsymbol{A} = 0$ \hfill (13.11)

(3) $\quad \mathrm{grad}(\boldsymbol{A}\cdot\boldsymbol{B}) = (\boldsymbol{A}\cdot\nabla)\boldsymbol{B} + (\boldsymbol{B}\cdot\nabla)\boldsymbol{A} + \boldsymbol{A}\times\mathrm{rot}\,\boldsymbol{B}$
$\qquad\qquad\qquad + \boldsymbol{B}\times\mathrm{rot}\,\boldsymbol{A}$ \hfill (13.12)

【証明】 (1) 定義に従い,つぎのように計算すればよい.

$$\begin{aligned}
\mathrm{rot}\,\mathrm{grad}\,\varphi &= \nabla\times\nabla\varphi \\
&= \left(\boldsymbol{i}\frac{\partial}{\partial x} + \boldsymbol{j}\frac{\partial}{\partial y} + \boldsymbol{k}\frac{\partial}{\partial z}\right)\times\left(\frac{\partial\varphi}{\partial x}\boldsymbol{i} + \frac{\partial\varphi}{\partial y}\boldsymbol{j} + \frac{\partial\varphi}{\partial z}\boldsymbol{k}\right) \\
&= \left(\frac{\partial^2\varphi}{\partial x\partial y} - \frac{\partial^2\varphi}{\partial y\partial x}\right)\boldsymbol{k} + \left(\frac{\partial^2\varphi}{\partial y\partial z} - \frac{\partial^2\varphi}{\partial z\partial y}\right)\boldsymbol{i} \\
&\quad + \left(\frac{\partial^2\varphi}{\partial z\partial x} - \frac{\partial^2\varphi}{\partial x\partial z}\right)\boldsymbol{j} \\
&= 0. \tag{13.13}
\end{aligned}$$

(2),(3) については読者に委ねる(章末問題【10】). $\diamondsuit$

章 末 問 題

【1】 $A = (2, -1, 3)$, $B = (0, 2, 4)$ の内積を求めよ。

【2】 内積を利用して三角形の余弦定理を導け（ヒント：三角形の3辺のベクトルを a, b, c として, $a = b - c$ とする)。

【3】 事実 13.1 を確かめよ。

【4】 例題 13.3 にならい, $\sin(\alpha + \beta)$ の加法定理を誘導せよ。

【5】 式 (13.3)〜(13.5) が正しいことを確かめよ（ヒント：ベクトル A の r 成分は $A_r = A_x \cos\theta + A_y \sin\theta$ となり, また, θ 成分と z 成分は $A_\theta = -A_x \sin\theta + A_y \cos\theta$ と $A_z = A_z$ となる。さらに, $\partial x/\partial r = \cos\theta$, $\partial x/\partial \theta = -r\sin\theta$ などの関係を使う)。

【6】 つぎのベクトル関数の発散を求めよ。

(1) $\dfrac{xi - yj}{x + y}$ (2) $x\cos z\, i + y\log x\, j - z^2\, k$

【7】 つぎのベクトル関数

$$A = x\,i + y\,j + z\,k$$

の回転を求めよ。

【8】 例題 13.7 の流線が原点を中心とした円になることを導出せよ。

【9】 式 (13.6) と式 (13.7)〜(13.9) を【5】と同様にして確かめよ。

【10】 事実 13.2 の (2), (3) を証明せよ。

引用・参考文献

1) 笠原乾吉：複素解析，実教出版 (1978)
2) 小平邦彦：複素解析，岩波書店 (1991)
3) 高木貞治：解析概論，岩波書店 (1966)
4) 高橋陽一郎：微分方程式入門，東京大学出版会 (1988)
5) 巽　友正：流体力学，培風館 (1982)
6) 野原　勉：エンジニアのための有限要素法入門，培風館 (2016)
7) 野原　勉：応用微分方程式講義，東京大学出版会 (2013)
8) 野原　勉・古田公司：フーリエ解析学初等講義，日新出版 (2018)
9) 溝畑　茂：数学解析 上・下，朝倉書店 (1973)
10) 守屋富次郎：空気力学序論，培風館 (1959)
11) 吉田洋一：函数論 第2版，岩波書店 (2000)
12) Acheson, D.J.：Elementary Fluid Dynamics, Clarendon Press (1990)
13) Coddington, E. A. and Levinson, N.：Theory of Ordinary Differential Equations, McGraw-Hill (1955)
14) Dym, H. and McKean, H.P.：Fourier Series and Integrals, Academic Press, Inc. (1972)
15) Evans, L. C.：Partial Differential Equations, American Mathematical Society (1998)
16) Haberman, R.：Elementary Applied Partial Differential Equations, Prentice-Hall, Inc. (1983)
17) Kreyszig, E.：Advanced Engineering Mathematics (8th Edition), John Wiley & Sons, Inc. (1999)
    近藤次郎，堀　素夫 監訳，丹生慶四郎 訳：複素関数論，培風館 (2003)
18) Lamb, H.：Hydrodynamics, Cambridge University Press (1895)
19) Logan, D. L.：A First Course in the Finite Element Method, Brooks/Cole (2002)

索引

【あ】
亜音速　　　　　　　118
圧力方程式　　　　　122

【う】
渦度　　　　　　　　119

【え】
枝　　　　　　　　　49

【か】
開集合　　　　　　　17
外積　　　　　　　　152
解析接続　　　　　　92
回転　　　　　　　　157
外点　　　　　　　　17

【き】
級数　　　　　　　　76
境界層　　　　　　　133
共役調和関数　　　　33
極　　　　　　　　　98
曲線　　　　　　　　56
曲線族　　　　　　　33
虚数単位　　　　　　1
虚部　　　　　　　　1
近傍　　　　　　　　17

【こ】
孤立特異点　　　　　94

【さ】
三角不等式　　　　　9

【し】
指数関数　　　　　　39
実部　　　　　　　　1
収束　　　　　　　　75
収束円　　　　　　　79
収束半径　　　　　　79
主値　　　　　　　　49
主要部　　　　　　　98
除去可能な特異点　　98
真性特異点　　　　　99

【す】
数値流体力学　　　　117
スカラー界　　　　　154
スカラー積　　　　　151

【せ】
整関数　　　　　　　39
正則　　　　　　　　27
正則関数　　　　　　27
絶対収束　　　　　　77

【そ】
双曲線関数　　　　　45
速度ポテンシャル　　122

【た】
対称翼　　　　　　　136
対数関数　　　　　　47
体積力　　　　　　　118
多価関数　　　　　　48
多項式　　　　　　　38
単純閉曲線　　　　　56

【ち】
値域　　　　　　　　12
調和関数　　　　　　33
直交曲線網　　　　　33

【て】
定義域　　　　　　　12
デカルト座標　　　　3
点関数　　　　　　　154

【と】
等位面　　　　　　　154
等角　　　　　　　　108
等角写像　　　　　　108
等角性　　　　　　　15
導関数　　　　　　　25
等高線　　　　　　　33
動粘性係数　　　　　118
等ポテンシャル線　　33
等ポテンシャル面　　154
特異点　　　　　　　94

【な】
内積　　　　　　　　151
内点　　　　　　　　17

【ね】
熱拡散率　　　　　　138
熱方程式　　　　　　138

【は】
発散　　　　　　76, 156
バロトロピー流体　　119

索引

【ひ】

微係数	24
非対称翼	136
非調和比	115
微分可能	24

【ふ】

複素関数	12
複素数	1
複素数列	75
複素速度ポテンシャル	126
複素平面	3
複素変数	12
部分和	76

【へ】

閉曲線	56
ベクトル界	154
ベクトル積	152
ベクトル点関数	155
偏角	49

【ほ】

ポテンシャル流	121
ポテンシャル論	33

【む】

迎え角	132

【ゆ】

有限体積法	117
有限要素法	117
有理関数	38

【り】

力学的粘性係数	118
リーマン予想	116
留数	102
流線	33, 125
流線関数	125
領域	18
臨界点	142

【れ】

零点	100

【A】

Apollonius の円	113

【B】

Bernoulli の定理	120

【C】

Cauchy の定理	62

【D】

Descartes 座標	3

【G】

Gauss の定理	124
Gauss 平面	3
Goursat の定理	32
Green の定理	62

【J】

Joukowsk 変換	130

【K】

Kutta-Joukowski の条件	133

【L】

Lagrange 微分	117, 119
Laplace の方程式	32, 122
Laplacian	32
Laurent 展開	95

【M】

Maclaurin 展開	85

【N】

Navier-Stokes 方程式	117

【R】

Riemann 面	49

【S】

Stokes の定理	123

【T】

Taylor 級数	84
Taylor 展開	84

【ギリシャ文字・数字】

ε 近傍	17
2 次元流れ	121
2 重湧出し	129

―― 著者略歴 ――

野原　　勉　（のはら　べん）	古田　公司　（ふるた　こうじ）
1988年　名古屋大学大学院工学研究科博士課程満期退学 　　　　工学博士	1993年　北海道大学大学院理学研究科博士課程満期退学 　　　　博士（理学）
2000年　米国ヴァージニア州立工科大学客員 ～03年　教授	1993年　武蔵工業大学助手
2001年　武蔵工業大学教授	1995年　武蔵工業大学講師
2009年　東京都市大学教授	2007年　武蔵工業大学准教授
2012年　東京大学大学院数理科学研究科連携併 ～14年　任講座客員教授	2009年　東京都市大学准教授 　　　　現在に至る
2015年　東京都市大学名誉教授	

機械系のための関数論入門
Introduction to Complex Analysis for Mechanical Engineering
Ⓒ Ben Nohara, Koji Furuta 2019

2019 年 11 月 28 日　初版第 1 刷発行　　　　　　　　　　　　　　　　　　★

検印省略	著　者　野　原　　　勉 　　　　古　田　公　司
	発 行 者　株式会社　コロナ社 　　　　　代 表 者　牛来真也
	印 刷 所　三美印刷株式会社
	製 本 所　有限会社　愛千製本所

112-0011　東京都文京区千石 4-46-10
発 行 所　株式会社　コロナ社
CORONA PUBLISHING CO., LTD.
Tokyo Japan
振替 00140-8-14844・電話 (03) 3941-3131 (代)
ホームページ　https://www.coronasha.co.jp

ISBN 978-4-339-06118-5　C3041　Printed in Japan　　　　　　（三上）

JCOPY　<出版者著作権管理機構　委託出版物>
本書の無断複製は著作権法上での例外を除き禁じられています。複製される場合は，そのつど事前に，
出版者著作権管理機構（電話 03-5244-5088，FAX 03-5244-5089，e-mail: info@jcopy.or.jp）の許諾を
得てください。

本書のコピー，スキャン，デジタル化等の無断複製・転載は著作権法上での例外を除き禁じられています。
購入者以外の第三者による本書の電子データ化及び電子書籍化は，いかなる場合も認めていません。
落丁・乱丁はお取替えいたします。

機械系教科書シリーズ

(各巻A5判，欠番は品切です)

■編集委員長　木本恭司
■幹　　　事　平井三友
■編集委員　青木　繁・阪部俊也・丸茂榮佑

配本順			頁	本体
1. (12回)	機械工学概論	木本　恭司 編著	236	2800円
2. (1回)	機械系の電気工学	深野　あづさ 著	188	2400円
3. (20回)	機械工作法(増補)	平井三友・和田任弘・塚本晃久 共著	208	2500円
4. (3回)	機械設計法	朝比奈奎一・黒田孝春・山口健二 共著	264	3400円
5. (4回)	システム工学	古荒雄斎・吉浜誠己・浜洋蔵 共著	216	2700円
6. (5回)	材料学	久保井徳恵・樫原克 共著	218	2600円
7. (6回)	問題解決のための Cプログラミング	佐中村理一 男郎 共著	218	2600円
8. (7回)	計測工学	前田昭押村良啓・木田野至之 共著	220	2700円
9. (8回)	機械系の工業英語	牧水雅俊・生橋晴雄 共著	210	2500円
10. (10回)	機械系の電子回路	高部榮佑・丸本恭司 共著	184	2300円
11. (9回)	工業熱力学	伊藤悍男・藪本司紀・木崎民雄彦 共著	254	3000円
12. (11回)	数値計算法	田本友 共著	170	2200円
13. (13回)	熱エネルギー・環境保全の工学	山坂田光紘 共著	240	2900円
15. (15回)	流体の力学	坂口村靖 共著	208	2500円
16. (16回)	精密加工学	田明石山二夫 共著	200	2400円
17. (30回)	工業力学(改訂版)	吉米内誠 共著	240	2800円
18. (31回)	機械力学(増補)	青木　繁 著	204	2400円
19. (29回)	材料力学(改訂版)	中島正敏貴明 著	216	2700円
20. (21回)	熱機関工学	越老吉智固本敏潔隆一光也 共著	206	2600円
21. (22回)	自動制御	阪部飯田俊賢田川野恭弘 共著	176	2300円
22. (23回)	ロボット工学	早櫟矢松高明彦一男 共著	208	2600円
23. (24回)	機構学	重大洋敏 共著	202	2600円
24. (25回)	流体機械工学	小池　勝 著	172	2300円
25. (26回)	伝熱工学	丸茂尾牧榮匡永佑秀 共著	232	3000円
26. (27回)	材料強度学	境田　彰芳 編著	200	2600円
27. (28回)	生産工学 ―ものづくりマネジメント工学―	本位田川光健重多郎 共著	176	2300円
28.	CAD／CAM	望月　達也 著		

定価は本体価格＋税です。
定価は変更されることがありますのでご了承下さい。

図書目録進呈◆